目 录

住宅大门

发现关麓村

自从研究乡土建筑以来，每次选题，我们都向偏僻的地方去找，找那些被冷落了的村子，因为它们最容易在无声无息中消失而不留下一点资料。1994年春末，结束了江西省婺源县的第二轮工作，该寻找下一个课题了，我们还没有打算到相邻的歙县和黟县去。那里的民居，早已驰名国内外，用不着我们去关心了。

仅仅是为了过路，我们到了屯溪。屯溪市城乡建设委员会的陈继腾先生陪我们到歙县和黟县的几个著名村落看了一看。那些村落的完整、房屋的精美和文化质量之高，确实非常难得，但它们没有使我们动心。村落密不透风，封闭的小巷吞没了所有的住宅，只有在水塘岸边，那些住宅才得以喘一口气，展现它们的个性。这样的村落太教人感到沉重。虽然学术工作的选题不能以个人好恶为准，但既然可选的题材还很多，我们何不找一个能使我们激动的。

陈继腾先生曾经亲手测量过黟县全境，熟悉那里大大小小的村落。终于有一天，他把我们带到了钱塘江的水源：西武岭下的关麓村。这是一个默默无闻的小山村。

刚刚进村，我们就被吸引住了。三十几幢住宅，疏疏朗朗、舒舒服服地亮出自己秀丽多变的身姿。有重重叠叠的马头墙，有柔和而富张力的拉弓墙，还有的墙像破浪前进的船头，弧形的，缓缓地弯过去。在

住宅（李玉祥 摄）

这些墙头跌宕起伏的轮廓之下，我们见到了一个精雕细刻的水磨青砖门楼，又一个，还有一个，一个挨着一个，一个比一个漂亮。一条小溪，哗哗地从它们前面流过。溪上的青石板桥，对着一座八字墙门，门边白粉墙上漏窗里探出一枝鲜红的天竺子。沿着小溪走，溪边石条凳上袒着古铜色胸膛的农人，微笑着招呼我们。村里，院墙后东一株枇杷树，西一株柿子树，掩映着楼上细巧的格扇窗。棕榈树的叶子，在粉墙上投下图案般的影子。在竹林沙沙的轻声中，我们推门进了几户人家，大多是三合屋，素净清雅，尺度宜人，十分安逸。意想不到的是，卧室里很暗，推开板窗，居然看到满顶满壁的图画。幅面都很大，有“百子闹元宵”，有“九世同居”，还有我们说不出名堂的壮观战争场面。最叫人感到家庭生活温馨的是婴戏图和母婴图：天真的娃儿，一只手捂住耳朵，一只手去点燃爆竹，或者依偎在妈妈的怀里，享受妈妈粉腮的抚爱；年轻的妈妈，脸上洋溢着慈祥幸福的光彩和母性的庄重。天棚上或是嬉水的鲤鱼泼刺，或是穿花的蛱蝶翩跹，也有山水和花鸟。我们以前只知道

住宅大门（李玉祥 摄）

徽州建筑的“三雕”，就是木雕、砖雕和石雕，从来没有听说过彩画。这次一见，又惊又喜。家具不但都是古色古香，而且完整成套。堂屋里的条案、八仙桌、太师椅，卧室里的满顶床、恭桶柜、梳妆台、衣橱，都还闪亮着硬木和黄铜配件的光芒。连陈设和许多日常用品都是老年代的，条案上的掸瓶、插屏、座钟，书房里的砚台、笔架、水盂，一一都在，而且都还按照传统的方式放置着。

我们虽然喜爱乡土建筑和乡土文化，研究它们，为它们做记录，但是，我们并不希望看到生活停滞不前。这种心情一直是非常矛盾的，有时候很困扰我们。不过，见到关麓村这样一个难得的古老乡村标本，我们还是觉得很幸运。

在溪头，我们遇见了一位粗手粗脚的老人家，向他请教：“那么精彩的壁画是由什么样的人来画的呢？”他回答：“请漆匠呀！”然后微微一笑说：“齐白石不就是画这种彩画出身的吗？”我们听了，心中不觉一颤，立即下决心把关麓村选作下一个研究对象。按照我们一贯采用的工作方法，我们选题，希望村落保存得比较完整，比较典型，有丰富的历史文化内涵，更希望它还保存着宗谱。但是，关麓村的宗祠、庙宇、文昌阁之类的建筑都已经拆除，宗谱也在“文化大革命”中完全毁掉，当时我们选定它的时候没有考虑这些，我们准备不惜为它修正我们的研究方法。

到了秋天，田头的柏子树像火焰般一簇簇燃烧起来的时候，我们开始了关麓村的第一轮工作。我们住在村子中央一个农家里，天气已经很凉，两人合盖一条短被，盖不住脚丫子。好在工作顺利，豆浆浓、白薯甜，日子过得快活。将近一个月的时间里，我们测绘、摄影、访问，认识了许多朋友，得到他们热情的帮助，尤其是汪亚芸先生、汪景恒先生和汪祖武先生。汪亚芸先生七十岁出头，年轻时在屯溪的绸布店里当学徒，后来当了兵，1950年代回村安居，孑然一身。他喜好读书，尤其注意文史，所以不但对村里情况知道得多，而且对徽州一般的风尚也比较了解。他把珍藏的乡人书信、短笺、诗稿、文稿、账单、婚书等等借给我们看，最有价值的是乾隆三十三年的一份分家阄书。汪景恒先生是中年人，四十岁不到，在村里当电工。他父亲觉民先生（1989年去世），长期在村里当私塾和小学教师，对村里情况最熟悉，所以他也听说过一些。他借给我们觉民先生写的一份关于村子建筑情况的短文，还把秘藏的一幅祖先画像和敕封诰命给我们摄影。汪祖武先生刚满六十岁，从县电影放映队退休回家，住在关麓村东一华里（一华里为500米）的宏田村。他父亲也曾经在关麓村当过私塾和小学教师，他读书多，知识丰富，兴趣广泛。因为自小不曾离乡，又颇留心，所以知道很多村里的事。他的住宅是一所大四合院，有前后两个大花园，种着珍木异卉，还有一口不小的鱼塘，我们去拜访的时候，推开门，满架的黄菊正开得热闹，照得人眼花。我们在他家里抄录了一个房派的谱图、宗祠的楹联及祖坟的碑文。他送了我们一份几年前他写的关麓村住宅调查报告；他在朋友家厕所内放卫生纸的墙洞里，还挖出了几张旧时结婚仪式的文书帖式和喜歌记录，也都留给了我们。

汪令钟住宅前院大门门头

这轮工作的收获不少。原来关麓村是一座十分典型的徽商血缘村落，在清代，作为主姓的汪姓人家全都从商，经济很宽裕，少量农田由外来的小姓耕种。小姓多是佃户或者佃仆，佃仆对主家有着人身依附关系。徽商一向以儒商自诩，知书达礼。他们的乡里生活，有相当高的文化品位，以至小小的村里竟有十几幢“学堂厅”。这个村落，从选址定居、结构布局、房屋的类型和形制，直到住宅里的家具、陈设和各种日常用品，都鲜明地反映着徽商的家庭生活方式和文化修养，也反映着农村中的社会阶级分化。过去，村子的公共生活很发达，这是农业社会里，封建宗法制的传统文化和徽商市井文化的特殊结合。这样的公共生活也同样鲜明地反映在村落的规划和建设上。虽然关麓村的宗祠和庙宇已经在近几十年里全被破坏，但它的住宅区却还保持着旧貌，没有多大变动。

幸运得很，关麓村的种种特点大体上符合我们研究工作的选题要求，没有必要修正我们的工作方法。这使我们非常高兴。

过了些日子，我们更加见识到关麓村住宅建筑的精致。除了彩画和门窗格扇之外，牛腿、灯笼钩、元宝梁、垫斗、压画条也都有极高而恰如其分的装饰性；青砖雕花门头更是丰富多彩；在其他地区很少见的固定式家具，尤其独具匠心。作为富裕徽商的家，这些住宅里不但有壁橱、百宝格、神龛、吊柜和床铺，而且，窗台有暗设的小屉子，床铺后有密室，楼板下有夹层，柜子里开暗门，等等，都设计得非常机智巧妙。

我们到家家户户楼上杂物堆里去翻看，有一两百年历史的瓷灯台，整套的瓷餐具，烛台、气死风灯（煤油灯）、灯笼、鱼缸、糕饼模子，还有玲珑精巧的各式鸟笼。有些鸟笼是宫殿形的，里外两三层。这些东西艺术质量之高，使我们大开眼界。连粗制的日用竹木器，如筷子筒、蒸屉、提篮、水勺、斗笠、烘笼、小板凳、儿童便器等等，也无不使我们钦佩制造者的智慧，并且感到极大的审美满足。

我们在婺源工作的时候，听说过佃仆制。在关麓，我们亲眼看见了旧时给人吹唢呐的乐户、照料新婚夫妇的红婆和被买来而不知自己姓名和年龄的丫环。我们竟有机会为一位87岁的佃仆送终、送葬。

但是，我们仍然十分遗憾，因为关麓汪氏的宗谱确实已经没有了。这使我们难以细致地了解村子的历史。

第二年五月初我们再去的时候，又见到了一幅奇丽的景色：整个黟县都浸没在金黄色菜花无边无际的海洋里了。大地那样恣肆放纵地展现它的灿烂和辉煌。我们高高兴兴地住进了农家，开始第二轮的工作。老朋友们更加亲热，新朋友多了起来。终于有一天，一位新朋友汪祯祥，从一只瓷缸里翻出两本秘藏的线装本子给我们。毛边纸，对折八行，红丝栏，用毛笔书写，老鼠咬了三分之一，水浸了三分之一。里面除了本房崇德堂派的谱图之外，全是他祖父丕鉴的杂记，内容涉及祭祀、请封、商业经营、房地产、善行义举、乡贤行状、买卖奴仆、婚娶丧葬、饮食起居、社会治安等，它们比宗谱更详尽、更具体、更贴近生活，非常生动地刻画了从道光年间到民国年间徽商乡里的生活情景。读着这两册杂记，我们如入宝山，兴奋不已，花了几天时间坐在堂屋里猛抄。抄录完毕，我们就到处去询问有没有类似的本子，先后竟又借到了几本，可惜都没有像丕鉴这两本无所不录的杂记，而只有几个房派的谱图，叫作“祖宗本子”。不过，它们毕竟使我们多知道了一部分关麓汪氏的谱系，从而推断了一些事情的大致年代。我们的研究条件终于还是勉强具备了。

对关麓村和附近村子的了解越多，我们越为黟县农村过去堂皇的建筑景观感到吃惊而不可思议。关麓村的宗祠、庙宇、文昌阁、学堂、牌坊等等，曾经组成绵延两华里多的壮丽建筑群，它们是徽商故里社会历史的见证、文化建设的丰碑。而离关麓村不过五六里，还有更大更繁荣的村子。可惜，经过近几十年的社会大变动，其中有许多竟连废墟都见不到了。虽然遗址上菜花那么繁密可爱，我们心中依然惆怅万分。寻寻觅觅，只在路边捡到一块残石，模模糊糊可以辨认出雕着一头狮子。汪祖武先生说，那是当年辅成文会泮池边的栏杆柱。辅成文会是一幢大门为五凤楼的三进大建筑物，包含文昌阁、乡贤祠、明伦堂、义塾和花园。1950年代中期，为卖瓦片把它拆掉时，竟动用了劳改犯。

汪景恒先生给我们看几份资料，其中之一是发表在《黄山》杂志1988年11月号上的一篇文章，题目叫“风沙向小桃源袭来”，作者余治淮。文章写的是关麓村汪氏总祠和村前往西武岭去的古驿道被破坏的经过。他先是描写汪氏总祠的“巍然庄重”和它前面月塘的“绿荷满池、芙蓉多姿”，然后说：

> 不料，时光转到了风光明媚的1983年，古祠和月塘却飞来了一场灾难。生产队长姜某，借口年久失修（按：所谓年久失修，就是两年前姜某揭卖了祀厅后坡的瓦，以致梁架遭雨淋朽）召集

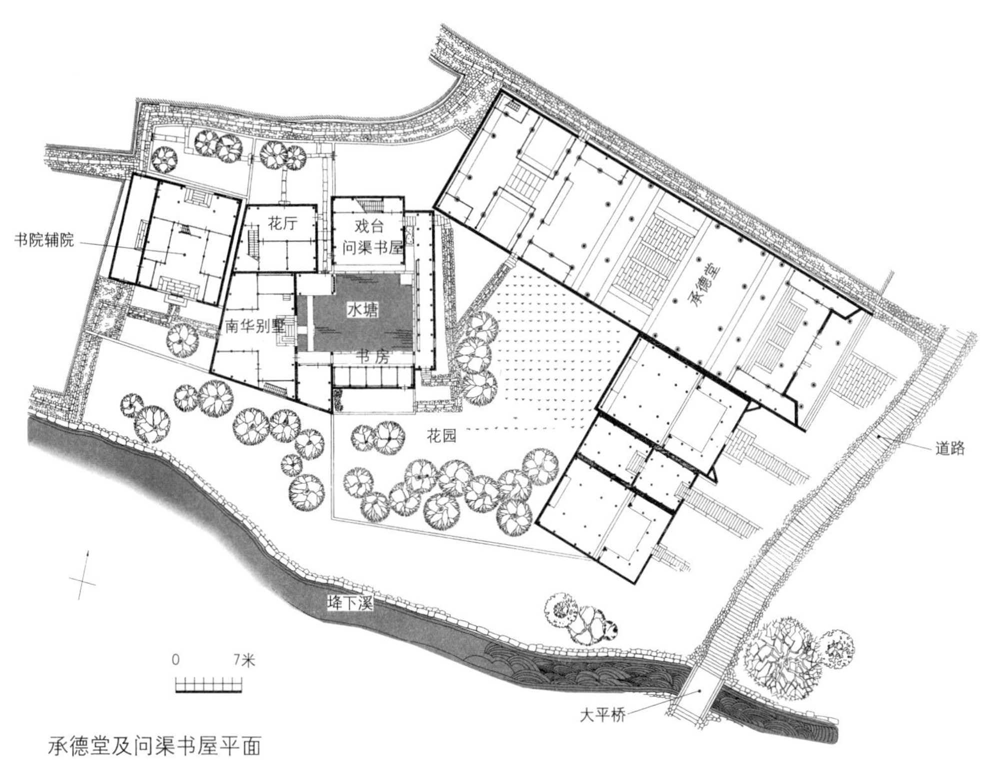

承德堂及问渠书屋平面

一伙人，擅自将宗祠拆毁，将砖、木、石料兜卖一空，发了横财。村里人愤然联名上告。开始时姜某还提心吊胆地过了一段日子，可县里对关麓村人民的来信，如同泥牛入海，这件事不了了之。农民们是最讲实在的，队长可以带头拆祠堂、卖公产，他们又为什么不可以损公肥私呢？于是，月塘周围的24根石柱、108块栏板，也就今日三、明日四地进了寻常百姓家，派上垫脚石、砌墙脚的用场了。

古人以修桥补路，视为人生最大的善举和功德……旧时各村都立有乡规民约……1979年冬天，岭下村二十余户农民要建造新屋，他们打上了西武岭古驿道的主意。开始人们还只是悄悄地撬走几块断裂的石板，后来，大伙一哄而起，一夜之间，一段长达五十余米路面的条石被撬挖掳掠一空。冬去春来，这段被毁的古驿道，坑坑洼洼，雨水冲刷出一道道曲曲弯弯的沟壑，像是雄关

（按：指西武关）用泪水描绘出的一个个留等人们解答的问号。

问号问的是什么呢？作者没有说。

又过去了一二十年，现在的情况就更加凄凉了。而且村村如此，不独关麓，关麓村中，连那条全村人赖以生活的小溪，也变成了秽臭的垃圾沟：水牛泡在溪里便溺，修理房子的碎砖烂瓦也往里扔；两岸的石条有些已经挖走，有些已经倒坍。住在那些足可称为文化珍品的房子里，人们对它们的精美毫无感受，不但不去爱惜它们，反而天天用很粗暴的方式在摧残它们。明万历进士谢肇淛经桃源洞进黟县盆地的途中，写了一首诗："春风篱落酒旗闲，流水桃花映碧山；寄语渔郎莫深去，洞中未必胜人间。"照这些年的情况继续下去，曾经被称为小桃源的黟县，将不再有什么胜景，反而不堪人们深去了。要问的：一个问题是何以至此，一个问题是如何重整。

即使零落如此，只要认真修整、认真保护，关麓村依然是一个灿烂的明珠。它的历史价值、文化价值和艺术价值依然光芒耀眼，它是徽州乡土文化最辉煌、最全面、最可爱的见证之一。而且修整和保护的技术措施并不困难，也并不需要多少钱。

应该立即抢救它，这是我们的历史责任！

但是，谁能抢救它！谁？那些在饭馆里喝得眼珠子通红的人们吗？那些似醒非醒、呆滞迟缓的人们吗？那些虽然精明，却一心只在利禄道路上奔波的人们吗？可悲的是，竟是这些人掌握着关麓村的命运。我们问一句：为什么我们束手无策？这难道不也是"天问"？

斯土斯民

桃源人家

关麓村在安徽省黟县，旧属四都，今属西武乡。它位于从黟县到祁门再分趋安庆和景德镇的大道旁，所以又叫“官路”或“官路下”。大道出村西便登山，约三华里到西屏山和武亭山之间的垭口，海拔377米。山岭合两山首字为名，叫西武岭，岭头建西武关。这便是关麓村名的来历，也是西武乡名的由来。

黟县建置于秦始皇二十六年（公元前221），在黄山之阳，宋代罗愿《新安志》云：“黄山旧名黟山，秦置黟县，取义于此。”北宋宣和三年（1121）起，黟县归隶徽州，迄于如今。它在文化上属徽州的新安文化圈；在经济上，它也是称雄于明晚期至清中叶的徽商故乡。

黟县位于皖南山区，中央有黄山山脉横亘，北部是长江支流青弋江的源头，南部是钱塘江上游新安江的源头。在南部，以县治碧阳镇为中心，有一个黟城盆地，面积91.3平方公里。盆地地势平坦，是粮食和油料的主要产地，比较富庶。古代由宁国府至池州府的驿道贯通县境南北，由南方进入黟城盆地前，穿过狭窄险峻的峡谷，出峡谷便见金黄的油菜花一望无际，所以黟县又称小桃源。[①]谷里有桃源洞和浔阳台等名

① 关麓村东南五华里有陶村，相传为陶渊明故里。其邻村赤岭村，今存陶氏宗谱。

祠堂
吾爱吾庐
祠堂
春满庭
双桂书屋
堑
下
溪
祠堂
黟
祁
大
道
临溪书屋
问渠书屋
水塘
绕
埄
街
惇悦堂
0
10
20
30
40
50米

关麓村总平面

胜。南唐许坚《入黟吟》：

黟县小桃源，烟霞百里宽，
地多灵草木，人尚古衣冠；
市向晡时散，山经夜后寒，
吏闲民讼简，秋菊露漙漙。

西武乡在这个富饶的黟城盆地的西南部，关麓村又在西武乡的西南端，海拔高度在230米上下。

山形水势

现在的西武乡乡政府设在历史悠久、文化和商业都比较发达的古筑镇，它是城乡货物交流的集散中心，位在黟城盆地的边缘，距县城30华里。由它往西、往南，就都是山脚的丘陵区了。一条峡谷，从西武岭下来，它守在口子上，自古是兵家必争之地。

马头墙

这条峡谷，上半段长约一公里半，从西南走向东北；下半段折向正东，长度也大约一公里半。在上半段的中央，有一个向南的小岔，叫“堑下”，关麓村就栖息在这里。除了它，上半段只有一些零星的小聚落。关麓村循黟祁大道距古筑镇两公里余。

关麓村赖以存在的命脉，一是谷底[①]的水田和坡上的旱地，二是过境的大路。村子位于岭根，上山下山，都要在这里歇脚。但是，田地不多，又贫乏硗瘠，坐地设店则被条件更为优越的古筑镇占了先手，两方面都很局促，以致从早年村人便踏上徽州人的惯行路，外出经商，或者外迁到附近另建新村，关麓村的规模因而不大。

关麓村西有南北走向的西屏山，现在称为石壁山，南有东西走向的武亭山。[②]从武亭山有几条小山冈向北延伸，从西屏山有几条山冈向东延伸，长短不等。山冈之间有小溪，供给关麓村充足的生活用水和农业用水。最贴近关麓村的小溪有三条。最长的一条叫武林溪，从西武岭顺峡谷下来，在关麓村北约150米处接纳从西屏山下来的一条小溪，在向东北流一百米左右，在“绕垶桥”侧与从武亭山来的垶下溪汇合。武林溪发源于西武岭半腰，是新安江的源头之一。嘉庆《黟县志·地理山川》记载：“武林水出武亭山下。武林，浙水源也。黟一曰桃源，土人因目武林水为武陵，其水东经官路下。”这三条溪水汇齐之后，再向东北流大约七百米，又有三条溪注入，一条自陶村、赤岭村北来，两条各从鲍村、黄村南来。从此以下，溪名武溪，经“五支碣”抵古筑镇。这六条山溪是峡谷内大小聚落生命所系，它们造就了谷底的一溜水稻田。两岸水碓相接，舂谷磨粉，帮乡民劳作。

武溪从古筑东流，汇北来诸源之后南出渔亭，经屯溪直下新安江。从渔亭以下，旧通舟楫。

水系分布就峡谷而言，以武林溪为主，就关麓村而言，则以垶下溪为主。垶下溪有二源：一出武亭山脚的“罗汉肚”，在村南约七百米；一出泉水村（又名泉山里）的地下泉，在关麓村南约三百米。两源相汇后北流到关麓村，河宽约六七米，两岸用青石条砌筑整齐，村子沿西岸建造。早年村民生活用水全部仰赖于它。族中规定，不许放猪牛近溪，鹅鸭下水，因此流水清澈见底，游鱼历历可数。泉水村的地下泉四季涌

---

① 以230米等高线计，村北一段谷底宽约200至300米。

② 两山均未经测量。二者高度相仿，约五百余米。

出，久旱不竭，是关麓村存在的基本保证。[①]

瓜瓞绵绵

徽州农村多是聚族而居，关麓村是汪姓的血缘村落。据嘉庆《黟县志》，官路下于“嘉靖四十五年定载”，但实际成村更早得多。

汪姓是徽州大姓。明代程尚宽《新安[②]名族志》载，东汉末，“龙骧将军汪文和于建安二年（197）为避乱渡江南迁，孙策表授会稽令，遂安家于歙”。民国《歙县四志》又记：“邑中各姓以程、汪为最古，族亦最繁，忠壮、越国之遗泽长矣。其余各大族（按：指历代自中原南迁的强宗大族）半皆由此迁南。”所说的忠壮即程灵洗，越国即汪华。汪华系文和之后，隋末天下扰攘之时起兵自立，建吴国称王，保一方安业十余年。武德四年（621）归唐，持节总管歙、宣、杭、睦、婺、饶等六州诸军事，任歙州刺史，封越国公，食邑三千户。唐贞观二十三年（649）逝于长安，享年六十有四，还葬歙县。后来六州汪氏都奉汪华为始祖，称第四十四世。

关麓汪氏来历，据《汪氏统宗世谱》所载《编录汪氏族谱序》云，汪子真从六都大坞“出赘四都，地名汪海”。汪海即今关麓村东北部，黟祁大道北侧。这篇序写于明正统九年（1444），是子真到四都之后持牒请编录于黄陂汪氏宗谱而写的。这时候，子真已经“为世之贤达，职居耆宿，德行知识皆有可观，进出周旋亦能循理”。而他初去四都的时候尚未结婚，推测至迟当在正统初年。

《世谱》又载“社公下七十六世讳子真分迁官路”条云：“官路上门始祖曰子真，即下门始祖振美之季父也。其先世由黄陂迁大坞（按：在六都），缘地处僻壤，滋息良艰，子真以官路居孔道，偕侄振美贸廛

① 近年测定，泉水恒温18度，每日三百余立方米，为优质矿泉水。

② 秦设歙、黟二县，历经变迁，至宋宣和三年始设徽州。因晋时其地为新安郡，以后习称。

以市。居数载，赘查氏[①]而家焉，生子振静。静与美虽非同胞，无间手足，合造祠堂，额曰世德，盖承先志以励后人也。依祠左右为居，故有上下门之别。振静若孙居祠左，是为上门。”由此可见：一、正统九年以前已有官路村；二、子真是看到官路村位居孔道来做生意的；三、造总祠世德堂时，振静已有孙子，则推算时间大约在明成化末或弘治初。

到明末，上门八十四世祖士礼举家从关麓村迁居到村东一华里黟祁大道北侧的宏田村，自成房派。育五子，所以称“五家”。据《世谱》载，士礼原建“三间屋”两幢半，五股阄分。后来除第二子外，其余四子各建造“四合屋”一幢，并造宗祠礼公厅，正名树德堂。新屋坐西向东，由北而南连成一排。[②]

下门八十三世祖瑚（生于明万历十六年，卒于崇祯十六年）生士字行子六人，立房派为“六家”，宗祠六家厅，正名敬承堂。瑚的三弟琼生三子，立房派为“三家”，宗祠惇悦堂。

下门八十四世祖士宠生子五人，四子乏嗣，五子早夭。长子之滋建房派崇德堂，次子之漏建承德堂，三子之滨未建堂号，其长子华栩育七子，此房派以后便称“七家”，现称“老七家”。

这次大分房派，发生在明代末年或清代初年。[③]

承德堂派，传到第八十九世有昭文（生于乾隆三十九年，殁于道光二十四年）、昭敦兄弟二人。昭文生七子，称“七家”，现称“新七家”；昭敦生八子，称“八家”。这是两个支派。自此以后，关麓汪氏便有崇德堂、“六家”“三家”“老七家”“志顺公（第八十世）后裔”等主要房派和承德堂的“八家”“新七家”两个支派。“八家”和“新七家”因同属承德堂，故云“七家、八家是兄弟”，平素援手无间，凡婚丧大

---

① 今关麓村已无查姓，但村北峡谷对面小山冈名查李冈，下有查李村。

② 经太平天国战争等破坏，现仅存一幢，由九十二世汪祖武居住。“五家”后裔除汪祖武外，还有一家住潘村，距关麓亦一华里左右。其余或迁江西，或已绝嗣。

③ 之滋继子华桧（元恺）生于康熙四十七年，殁于乾隆三十六年，生父为之滨。以此推算。

事，“新七家”“八家”互通庆吊，其他各房派一般不参与。

昭斅的八个儿子，即“八家”的第一代，生于道光年间，到太平天国战争结束，同治、光绪年间，正值盛年。那时候江南一带徽商已趋没落，他们却因善于经营，历数代而人多财盛，成为关麓汪氏最旺的一支。关麓村的主体，即黟祁大道以南古名“堑下”的地段里，大多数整齐的住宅都是“八家”人兴建的。所以直至现在，附近各村的人惯于把关麓村就叫作“八家”，其余各房派和支派，或因后嗣单薄，或因有人外迁，或行为不端，或在太平天国战争中遭到严重损失，都不如“八家”发达。①

光绪二十二年（1896）九月，汪公庙开光演戏时挂有一副对联，总结了关麓汪氏的绵延发展：“支分越国系出颍川溯自二百余年堂构田畴犹是高曾遗守；地接西屏基开关麓即今九十四叶冠裳钟鼎依然昭穆共登。”

经营四方

关麓村虽是个封建性的血缘聚落，却又是徽商的故里。汪姓成年男子，十有八九出外经商，躬耕于垄亩间的不足一二。

作为商帮的徽商，崛起于明代中叶，不久称雄海内；太平天国战争之后逐渐衰落，到清代末年和民国时期，一部分消歇，一部分转化为现代商业、金融业等。黟县比较落后，商帮兴起于清初。明正德《黟县志》载：“往者户口少，地足食，读书力田，无出商贾者。”到顺治《黟县志》，则已是“国朝生齿日盛，始学远游，权低昂、时取予，为商为贾，所在有之”。关麓汪氏经商的历史，大致与其他徽商相同。

---

① 1995年4月，据关麓村户籍本，全村共有农业户口129户，属世德堂总祠祠下的原关麓汪姓43户，只占33.3%，其中10户户主为寡妇或男方为非农业户口。计“八家”10户，“六家”10户，“三家”6户，“新七家”1户，“老七家”2户，崇德堂派4户，非上述房派支派者10户。世德堂汪氏户大大减少，小姓户大增，是近50年来社会大变动的结果。小姓户中也有10户姓汪，是从外地迁来的。

徽商的形成，起初出于无奈。康熙《徽州府志》说：“徽州介万山之中，地狭人稠，耕地三不赡一，即丰年亦仰食江楚……天下之民寄命于农，而徽民寄命于商。”于是敝衣粝食，负担远出，“捐家室，冒风波，濒死幸生求哺嗷嗷之数口”（万历《休宁县志》）。所以初期商人受到轻视，明代黟人黄士琪《纪邑中风土》诗咏商人：“新安多游子，尽是逐蝇头，风气渐成习，持筹遍九州。”但因正逢明代晚期大江中下游商业经济日趋繁荣，徽商往往能“挟一缗以起巨万”。他们依托封建宗族关系，挈昆弟子侄形成商帮以利竞争，明代金声《金太史集》卷一载：“以故一家行业，不独一家食焉而已，其大者能活千家、百家，小亦数十家、数家。”于是经商便成了徽民的风习，竟至于“业贾者十七八”（明·汪道昆《太函集》卷十七）。徽民观念因而改变，“轻本重末”，“即阀阅家不惮为贾”（《唐荆州文集》卷十五《程少君行状》）。这种情况改变了人们的意识和价值观念。黟县流行的堂屋楹联，也有了商人气息，如现存卢村某商人大宅的上堂后金柱上一副对联是：“惜食惜衣非为惜财缘惜福；求名求利但须求己莫求人。”也有赤裸裸地把千余年耕读传统变为“学而优则商”的，如“九章《大学》终言利；一部《周官》半理财”之类。

一旦出而为商，眼界宽了，谋略远了，经营的早已不单是徽州土特产，贩运遍及全国各地。明代归有光在《白庵程翁八十寿序》里写道：“倚顿之盐，乌倮之畜，竹木之饶，珠玑、犀象、玳瑁之珍，下至卖浆、贩脂之业，天下都会所在，连屋列肆……多新安人也。”（《震川先生集》卷十三）一些长袖善舞的商人，腰缠万贯，在外地过起了骄奢淫逸的日子。如徽州盐商在扬州、淮安等地，建甲第、辟园林、蓄伎乐、买官爵，衣必锦绣，出必车骑。即使占大多数的学徒、店伙、掌计（管账）和副手，也都难以保持乡民的朴实俭素。这种观念习惯的变化，自然要影响到故里。

但故里仍然是闭塞落后的。由于交通困难，资源缺乏，除了贩运茶、木之外，徽商并不在老家开展什么经济活动。他们把妻子儿女留在家里，给他们买一点田地，再按时寄度日费用，自己一年一归或三四年一归；到了迟暮，回家终养、埋骨。因此，徽州始终停留在不发达的农业经济之中。[①]他们经营的事业、新的投资，以至华堂美屋、园林池台，大都在外地。徽商对故土的影响主要是：第一，他们建祠堂、修宗谱、置祭田、设祀会、施义冢，巩固宗族关系。作为商帮，徽商在人手、资金和业务上都需要宗族的支持；同时，他们的家庭也需要强固的宗族力量，管理乡邻聚落的公共事务，以保证平安、和睦、整洁、有序的生活环境。宗族在那时是农村最有权威、最有效率的管理者，所以直到清代晚期，商业经营并没有削弱宗法制度，反而加强了它，以致徽州各村落，“奉先有千年之墓，会祭有万丁之祠，崇祏有百世之谱”（同治《黟县三志》卷十五《艺文志》）。

第二，他们捐资兴学、助学，创立文会。一方面普及识字、计数、珠算，给予子弟经商的基本能力，同时不忘科举。明清时期，黟县有书院六所。明人汪道昆在《海阳处士金仲翁配戴氏合葬墓志铭》中说：“新安三贾一儒，要之文献国也。夫贾为利厚，儒为名高。夫人毕生事儒不效，则弛儒而张贾。既侧身飨其利矣，及为子孙计，宁弛贾而张儒。一弛一张，迭相为用，不万钟则千驷，犹之转毂相巡，岂其单厚计然乎哉。择术审矣。”（《太函集》卷五十二）据北京歙县会馆《观堂题名榜》记载，有清一代歙县本籍和寄籍进士296人，状元5人，榜眼2人，探花8人，多为徽商子弟。休宁县竟有状元12人，为全国之冠。黟县自宋大中祥符五年（1012）至清光绪三十年（1904）共有进士136人，雍正元年，应童子试者竟至千人。由于文化和教育普及发达，徽州朴学成就很高，先后有江永、戴震、俞正燮等大师。

第三，徽商及眷属晚年殷实的生活，促进了消费性民俗文化的繁荣，如四时八节的祭祀、各种迎神赛会、婚丧嫁娶、春报秋祈、戏文

---

① 据《胡适口述自传》，他父亲胡传调查太平天国后，徽州绩溪县上庄胡氏人口1200人左右，“这整个胡氏一族都仰赖于四百几十个经商在外的父兄子侄的接济。他们的汇款也救活了家人，并助其重建家园于大难之后”。

宴乐等等。第四，他们从苏州、扬州这些长江下游人文发达的地方，带来了鉴赏和收藏文物古玩、珍本秘笈的风尚，与对书画篆刻的爱好，名家辈出，形成“新安画派”和“黟山派篆刻”等。他们也讲究家具陈设和日用器具的精致细巧。第五，他们大量兴造舒适的住宅，也兴造庙宇、文阁、园林、书院等公共建筑，还出资建桥、铺路、造亭。这些建筑和工程虽不及他们在外地兴造的那样考究，但也颇有可观。康熙间，歙人程且硕居扬州多年，将返乡所见撰成《春帆记程》一书，其中称：“乡村如星列棋布，凡五里、十里，遥望粉墙矗矗，鸳瓦鳞鳞，棹楔峥嵘，鸱吻耸拔，宛如城郭，殊足观也。”（转录自许承尧《歙事闲谭》）说“宛如城郭”或许不无夸张，但徽州各地农村聚落的完整，住宅的雅洁，以及祠堂、庙宇、牌坊、亭阁、园林等公共建筑类型的多样，形式的优美甚至壮丽，的确非常特出。不过，就住宅来说，它们大都是城市型的中等规模住宅，重亲切安宁而不事铺张豪华。第六，由以上生活诸端，引发出徽州百工技艺的繁荣发展。建筑业中有大小木作，砖、石、木“三雕”和油漆彩画；家具有方木、圆木、雕木；用品有各种篾作、棕丝作、漆作和铜锡作。还有传统的特产笔、墨、纸、砚。明清两代，徽州的雕版印刷，尤其是木刻版画，精美绝伦，为全国之冠。

造就灿烂的徽州文化只不过动用了徽商财富的一小部分，明代王世贞在《弇州山人四部稿》卷六十一《赠程君五十叙》里说，徽商“其所蓄聚则十一在内，十九在外”。大江两岸的都聚市镇，无论建设和文化，莫不有徽商的巨大贡献。

徽商故里的种种，都极为典型地体现在关麓村中。

关麓村是典型的徽商村落，徽商的后方留守基地。

正如《汪氏统宗世谱》所载，汪子真率侄振美于明代中叶来到官路下的时候，就因为看上了这个交通孔道可以做生意。虽然那时候他们还远远不是作为商帮的徽商，却早已种下了“轻本逐末”的经商种子。

关麓村历代祖先的从业情况已经无法考察，但从仅存的三则资料看，经商的比例很高。其一是“六家”三房的一册“祖宗本子”中记录了从八十六世至九十三世的17位祖先名讳，其中十位称“朝奉”，四位称“府君”，三位无称号，大约是早夭。[①]据《通俗编》，“徽俗称富翁为朝奉”；康熙赵吉士《寄园寄所寄》则直指朝奉为商人。其二是承德堂派八十七世国仁（生于康熙五十五年，殁于乾隆四十五年）为巨富，独自捐资兴建了宏丽的房派宗祠承德堂和它东侧的义塾问渠书屋。既未曾做官，则必定是商人。国仁的四个儿子，光熊经商，光烈为书画家，光焘从事营造业，光杰为举人。书画家和举人都不是职业，但务农的可能性不大。所以，四人中至少有一半外出经营商业和营造业，还可能更多。他们的时代，约在乾隆朝。

另一则资料是，昭敩的八个儿子，即“八家”第一代的八兄弟，令銮经商，令铎业儒，令铮经商，令钰小吏，令镳营造，令钟经商，令录太学生，后弃儒经商，令锽无业。则八人中有五人从事商业和营造业。他们的时代，约在咸丰至光绪年间。[②]据说，“八家”的始祖昭敩于太平天国战争时期，众商家不敢经营的时候，在石牌贱价收购了一批桕子油，囤积起来，战后货缺，高价售出，因而在徽商经太平天国战争普遍衰落的情况下却发了大财。

徽商是以商帮形式在外经营的，它以宗族为依托，学徒、店伙、掌计、副手都从本族子弟中带出去。所以同治以后，关麓村经商的人更多，其中以“八家”子弟为盛，以致村人说“汪家没有种田人”。

关麓汪家经商，初期在潜山、太湖、石牌、黄梅一带采购土特产，转售到长江中下游城市，再换取商品返销到潜山等地。后来，积赀日丰，遂经营钱庄、典质、绸布等高资本高利润的商业和早期金融业，地点则转移到长江沿岸安庆、怀宁、芜湖、潜山和景德镇等比较大的城镇。关麓东南约七华里的南屏村，也以经商著名，但村人多在

---

① 此祖宗本子由九十五世汪建武（猷茂）收藏。

② 上述资料据宏田村九十二世汪祖武先生所存之祖宗本子。

内河小城经营杂货小店，故不及关麓富有。再晚，有些人进入现代化的金融业、银行，这已是民国时期了。如：九十一世绅甫在安庆恒大钱庄，九十二世丕洽在安庆大丰钱庄，均为高级职员，前者月入数百大洋，后者月入五十大洋。九十一世益金，曾在钱庄和布店当高级职员，九十三世懋坤曾在安庆钱庄司账。“三家”九十三世懋杰（金寿）在安庆开钱庄，并有大量房地产；九十三世懋耕（永梁）在上海中国实业银行，鸿章在中央银行或中国交通银行，均任高级职员，月入五百大洋。[①]

关麓汪氏先祖中有很善于经营的，起自贫寒，数十年间便能致丰饶。例如，崇德堂派先祖之滋的继子华桧（八十六世，字元恺，称恺公），于乾隆三十三年五月为四个儿子析产立了一份阄书，说：“余生父之滨公，守清白之世传，安笃实之素履，贫窭自甘，不事经营……不幸伯叔早逝，家计日迫。余时年十二，颇晓时务，辞塾就贾，觅地于皖之潜山。十载始旋，受室于屏山舒氏。”华桧过继给之滋后，“越月复之潜，自贸一廛，苦无资斧，旦夕拮据，忧劳交致，历今三十余载。幸托先人之庇，虽未丰亨饶裕，亦颇衣食足备”。

后面开列的他的产业清单中，有在潜山的店堂七座，怀宁店堂一座和典当一座。其中潜山隆聚店和元聚店，都是“通前至后楼屋四进”；东街一所店屋，“通前后四进……第四进自造楼阁、稻仓。屋旁墙院一所……”；怀宁小市港的隆聚典，“通前至后六进”；还有本村店屋一所。另有地产十四处，坟地二处，房产十一所。房产大多是“三间楼屋一所，毗连小厅一所，又厨屋一所”，最大的在苏田村，“明脊厅一所又毗连房、厅、厨屋三进”。此外，他还造了崇德堂己祠和厨屋。[②]这个财

① 关麓人出外经商，为东家的不多，为高级职员的多，主要是司账、掌计，所以1950年代初工商业改造后，他们大都任会计、会计主任等职

② 此阄书现存“三家”九十三世汪亚芸先生处。崇德堂九十四世汪徽兴（祯祥）收藏之丕鉴手记本中有抄件。

住宅卧室窗

富积累由“苦无资斧”起手，仅三十年，速度非常快。

又有崇德堂八十九世昭志（生于乾隆三十九年，殁于道光十八年，国学生），自华桧以下四代长房，用父光辉“隆聚招牌”，嘉庆三年在垄坪独创志生典，以后陆续又创立位育典（孔垄）、位生典（太湖）、震泽典（棕阳）、恒吉典（安庆），最后在道光元年创恒隆典（安庆），十余年间，连创典当六家。其中志生典到嘉庆十九年有存息46200两，用以创恒吉典。恒隆典的创办则拨了位生典存息13000两、位育典15000两，共28000两。在潜山还有道光年开业的北街汪恒有盐栈和东街汪恒有杂货、糕饼、油盐的发货、批发并门市的店铺。此外在安庆有合资的钱庄一家、绸缎庄一家、油坊一座。他惯于多种经营，如道光十四年拨志生典银3000两囤棉花，次年贩至杭州，得纯利500两。嘉庆二十四年，昭志转托他弟弟代为经营的资本又有三万两文银。道光二十四年，为了在屯溪买廛屋，从各典拨来赤金200两。这些在当时都是很大数额的财富。昭志的成就也是快而且大的。

昭志长子令训（生于嘉庆十年，殁于道光二十二年）继承父业，而令训的长子德麟（生于道光十四年，卒于光绪十三年）“生而敦厚，长更精勤，被粤匪（按：指太平天国军）浩劫之余，田庐荡尽，无以为家”。这次太平天国的打击虽然沉重，但他“乃壮志方张，竟尔重兴先业，恢宏祖德，日新月盛，店业颇顺，家道亦康”。德麒于光绪十三年去世，继子丕鉴（生于同治十三年，卒于民国二十四年之后。民国二十四年在乡仍任保长）弃书就贾，恰逢潜山连年水灾和火灾，遂于光绪二十五年收歇。后来再度经商不成，任承馀鸡蛋公司理账，月薪十五元。三年回乡，在“本村开设一小铺，牌名汪以记糊口”，又遭“北佬”（按：即直系军阀孙传芳部）和土匪等劫难，“东逃西散，势难支持”。但这时他开列的不动产清单仍有：潜山县正北街店屋一所；土名堑下（关麓）大廊步三间楼屋全堂，毗连后进厨房及右墙外空屋基地全堂；另又有大廊步三间楼屋一堂；土地谷租一百余砠，豆租二十余砠；菜园地六犁半；葬基十二处。偶然提到的动产有：从祖父令训处分得赤金叶五十两正，折合银一千一百余两；景德镇恒泰油盐趸批盐栈股纹银五百两；关帝会股一份；还有店货、首饰、绸缎、细毛皮货、古物、玉器等。

这是经几代人积累，虽遭各种意外而仍然保持相当大财产的例子。[①]

平处起居

徽商，无论是资本还是人手，都在不同程度上依赖宗族关系。作为商帮，他们的封建色彩很浓，一般仍扎根于宗族居留的那方土地。他们长期在外面奔走，但把妻儿老少留在故乡。故乡是封建而保守的。康熙《徽州府志》主撰人赵吉士在《寄园寄所寄·泛叶寄》里写道："新安各姓，聚族而居，绝无一杂姓掺入者，其风最为近古……父老尝谓，新安有数种风俗胜于他邑：千年之冢，不动一抔；千丁之族，未尝散处；千载之谱系，丝毫不紊；主仆之严，数十世不改，而宵小不敢肆焉。"康熙以后三百年间，变化甚微。

封建传统削蚀着商业资本的积累。徽商在外服贾有了积蓄，常常要带钱回家买些土地，建造房屋。土地不多，眷属大多不耕种，佃给小姓，收取租谷。徽州的村子一般都是血缘聚落，但村子里总有些外姓人，他们大多是来自外地的穷困农民，势单力薄，是为小姓。关麓村的小姓，多从安庆、怀宁、铜陵、潜山一带来，被称为"江北佬"。来时孤身，一扁担家私，在承租的地块上或者村边搭草棚暂栖，也有住在东家家里的。住稳了之后，把家小接来落户，在村边造一些小房子。东家的租谷不一定都能收上来，如丕鉴在他手记本中的"遗嘱"里说："田租四百余砠，实收一百宽余砠；豆租一百余砠，实收三十余砠。"徽商们有些凭中买的田地，远在祁门，从来不曾亲见，租谷更

① 由昭志至丕鉴的事迹见丕鉴（字以人）手记原本三册。现存丕鉴之孙徽兴（九十四世，乳名祯祥，生于1952年）之手。

无从收起。商人眷属并不完全靠租谷生活，主要依靠商人定期由职业“信客”送来的汇款，关麓人称为“吃信殼”。[1]商人只把土地当作不怕偷盗的财富来储存。

承租的佃户中，有一部分叫作“臧获”，他们依附于东家，也称“伴当”“庄户”或“佃仆”。他们与东家的关系，世代传承，所以赵吉士说“主仆之严，数十世不改”。这些人除了租田纳谷之外，还要给东家无偿服劳役，主要是各种贱役，如男子要抬轿、扛丧（即抬棺，要结过婚的才可）、挖圹穴、守坟、挑担、吹打；妇女均为大脚，要接生、当红婆（婚礼时照料新娘）、给“孺人”和小姐抬轿，姑娘则当丫环，等等。这些人身份很低，因此赵吉士在《寄园寄所寄·泛叶寄》里说：“徽俗重门族，凡仆隶之裔，虽显贵，故家多不与缔姻。”嘉庆《黟县志·风俗》则说：“重别臧获之等，即其人盛赀厚富，行作吏者，终不得列于辈流。”

在关麓村，臧获不依附一家一户，而依附所租土地的主人所属的房派、支派，如“三家”“六家”“老七家”、承德堂、崇德堂和“志顺公后裔”等。主家所属派中某家有事，臧获便去服役，如果人手不够，他们会自行邀请依附于其他房派的臧获来帮助，主家不必出面。这些劳役虽然依制度说是无偿的，但因多属红白喜事、添丁增口之类，所以赏钱不少。例如新春元旦，他们到东家门前扫几笤帚地，说几句吉祥话，便有厚赏；新妇花轿抬到祠堂，他们堵住大门唱喜庆话，要女家给封赏后才让开大门，放花轿进去。主家做年糕、清明馃，会赏给他们一点。因为有利可图，所以各房派的臧获互相不得侵越，而且子孙都把这种关系当作权利继承。[2]

这种佃仆制度由来已久。关麓村的臧获，来源大多是：一、在外

---

① 1952年土地改革时，关麓有七家地主，各家有土地多者不过三四十亩，少的仅有十几亩。只有“三家”汪金寿在祁门有大量山地。

② 关于佃仆制详见叶显恩著《明清徽州农村社会与佃仆制》，安徽人民出版社，1983年出版。

地经商时买的家童或婢女，带回村来在家中服役，长大后准予毁券自立，成为佃仆；二、以婢女招亲，入赘为佃仆；三、因“种主田、住主屋”，将来还要“葬主山”而沦为佃仆；四、佃仆的后代，世世为佃仆。前述乾隆三十三年华桧的析产阄书里有一条：“绕埄岭头系承祧之产，照之滋公阄书分法管业，今与仆人王六、婢女春秀住歇。”春秀有卖身契，王六有招赘文书。崇德堂定规，清明节给之滋府君、之滨府君和恺府君（按：即华桧）扫墓时，要给仆人叶禄、叶六各烧“冥包一个”，他们的坟就在主山。这两例主仆名分是很典型的。[①]

东家们把给佃仆住的庄户房造在村子边角或者坟地旁，小小的，不与他们的高堂华屋混杂。

高堂华屋里住着徽商眷属。据清闲斋《夜谭随录》云：“新安风俗勤俭，虽富家眷属不废操作。”家眷虽然并不种田，却还纺绩、种菜。乾隆年间古筑人孙学治《和施明府源黟山竹枝词》之一道：“北庄岭下女绩麻，西武岭边女纺花。花布御冬麻度夏，有无相易各成家。”这是妇女生活的真实写照。妇女们受着封建礼教沉重的压迫，被丈夫抛在村里，伺候公婆，养育儿女。而丈夫却往往在外面纳妾，另有家业。正如

① 大户买婢女的习惯一直沿袭到民国年间，所以关麓村目前还有些当过婢女的老年妇人，如篾匠汪朝立的母亲，原为“双桂书屋”汪永梁（汪庭辉之子）家的婢女。她们不知道自己的姓氏和原籍，但都在1949年前后婚配，已经没有佃仆身份。我们在1995年春季调查时，见到87岁的项福春，他原是本地小姓，因娶了“六家”汪昌泰家的婢女，而成为佃仆，是个吹唢呐的乐户。1949年后，他妻子去世，没有儿女，又续弦了一位“二婚”，带来一个女儿，这位妻子几十年来仍然一直在村里帮忙红白诸事。1960年大饥荒，村里饿死了不少人，女儿熬不下去，跟着一位过路的祁门铁匠走了。过了几年，铁匠来了一趟，告诉老人，女儿已经死了，却给老人留下一个外孙抚养。又过了几年，外孙不见了，人们揣测，是铁匠来接走了。1980年代，村人又给老人找了一个男孩子过继为孙子，但并不跟他过日子。男孩淘气，不肯好好读书。两年前，项福春一度病危，村里给他募了两千元丧葬费，后来由妇女主任保管着。我们离村之前，4月14日下午5时，这位全村最后的昔日佃仆因疝气引发败血症去世。村里人给他办丧送葬。按照古例，埋在主家的查李冈坟地里。那个孙子来尽孝，摔盆、捧头，穿一身毛边丧服，是用化肥袋子改做的，帽子上还清晰地印着“尿素”两个字。

春满庭住宅内一角速写　　令铎住宅别厅一角速写

《二刻拍案惊奇》卷十五里说的徽商汪朝奉娶妾："这个朝奉，只在扬州开当，大孺人自在徽州家里，今讨去做二孺人，住在扬州当中，是两头大的。"关麓习俗，经商人从外地归来时，妻子从菜园回家要先进后门，洗了脚，梳洗打扮，才能与丈夫相见。

丈夫很少回来。他们十二三岁便出外当学徒，十六七岁回家完婚，很快就再出去。从此多则一年回来一次，少则三四年一次，甚至有十几年才回来的。但他们都有落叶归根的意识，五十岁上下，就给儿子们分家，然后自己退而养老，回家赋闲。在外地有妾的，也要每年在家住几个月。

到清代晚期，有一些人成了食利者，斥资入股，自己不参与经营，而长期在乡间住。如崇德堂的丕鉴和他的父亲德麒，就有多年这样的生活。

这些家居的人形成乡绅的主体。其中有一部分热心乡土建设、文化教育和祠下管理，对村子的影响很大。

关麓村在乡商人的生活，虽然远不如淮、扬一带的徽商那样奢侈豪华，却也相当优裕。他们熟悉长江中下游富庶的城市，多少会把那里的一些风习带回老家，从而突破老家千百年的俭啬旧俗。他们起造的中型住宅，雅洁精致，家具陈设都很整齐细巧，考究品味。他们未必经常鲜衣美饰，但大多备有靓装丽服。有一张民国十八年十月十七日“皖省王祥茂皮局”（在安庆）开给汪悔初（丕洽）先生的发票，写的是“滩羊皮马褂桶一件，价洋二十八元，当收洋二十三元，两讫”。另有一张胡美辉裁缝店给汪悔初的工洋清单，开列十四件衣服。其中有哔叽驼绒袍一件，花大呢夹袍一件，哔叽夹袍一件，哔叽裙一条，法布夹袄裤一套，纺绸裤一条，麻纱女褂一件，等等。工洋一共十二元一角五分。[①]可见衣着质量很高。

他们出门稍远便乘轿子。有些类似原始旅行社的行业为他们服务。如有一封黟城安庆信局致汪悔初的信保存下来，内容便是洽谈预订赴安庆的轿子和旅伴的。关麓村东大约两三华里，赴古筑镇大道的一个陡坡下，有过一家轿子行，那店名就叫石屋行。轿行除了接送客人外，还有喜庆用轿出租。

民国年间，这个五百多人的小村子有二十家出头的商店。其中有一家怡昌号南货店，是“八家”四、六两房兄弟开的，经营南北杂货、两洋海味，还卖猪肉、豆腐和油盐等日用品，自设糕点作坊。它在全县都可称大店。有一家滋生堂中药店，自制丸、散、膏、丹，有坐堂医生。有一家新荣馆子店，卖炒菜、红烧肉和各味面条。甚至还有汪观榜和李东楷两家银匠店，代客加工金银首饰。虽然它们有些生意是过路人和附近小村的，仍然可见关麓村生活的富裕。

关麓村的婚丧、祭祀也很铺排。在外地去世的，都要把棺木运回来，一般要三十六名杠夫轮流抬送。如丕鉴手记本有两条资料：一、“昭志公在外寿终，殁在垄坪位育典，去世道光十九年。搬柩往黟，请县主点主。合族办族规，做七日奠祭。热闹异常，用银二千余两。”二、

---

① 以上两件均由“三家”九十三世汪亚芸先生收藏。汪悔初（丕洽）即其父，曾任安庆大丰钱庄司账。

“令训公殁于安庆恒吉绸缎庄，次年（按：道光二十三年）搬柩往黟，请县主点主，开五日祭奠，办合族饼胙。受礼各亲戚一名，世谊外各同寅官不辞谢。在众祠开吊，幛挂满堂。”令训是昭志的儿子。[①]直到1936年，“六家”汪懋坤（锦章，九十三世）在安庆去世，还要用12个杠夫把棺木抬回来。

关于婚筵，丕鉴手记中也有一则资料。丕鉴的继子懋长（慰祖，1911年生）在1937年4月结婚的时候，“初四日上头饭，男客四盘二碗八桌，女客廿余桌，走动下人、庄上（按：即佃仆）二三桌。次日正期系四月初五日拜天地，中饭男客四盘二碗亦八桌；夜，男客鱼翅花烛酒亦八桌；夜限鱼翅席四点心、八大碗、八小碗、四中碗、十二碟。正期初五日女客亦与上头饭一律，计廿余桌；走动、庄上、鼓乐二桌。夜限女客十桌，翅席二桌，茶与男客一样。共吃亥（按：即猪肉）约一百八十余斤，海菜洋廿余元，酒洋十元，红帖蜡烛约洋廿元，开门、斟酒洋十八元，加轿税洋八元，鼓乐吹席洋八元，共计用三百余元。加批书、送日子计二百四十余元”。这时候丕鉴因连遭水火灾、“北兵”掠夺和土匪抢劫，已经很潦倒，生意早已收歇，坐吃祖业，尚有这等排场，则昭志、令训时代婚筵盛况可以想见。

徽商向来不废诵读，称为“儒商”。他们虽然十二三岁便外出当学徒，但童年经过学塾的旧学教育，有相当不错的文化素养，日常也有些风雅的文化生活。家家堂屋里有中堂和条幅字画，有木板刻的对联，有些人家且有收藏字画、书籍和文玩的爱好。

康熙年间，关麓村出了一位书画家，名叫汪曙。道光《黟县续志》记他：“字晓山……少孤，善事母，友爱诸弟。弱冠，师皖江何龙，写山水人物，有生动之致。后益肆力倪、黄、沈、董诸家，寒暑不辍。称其画者谓风神秀润，青出于蓝。”同时又有关麓汪烈（按：即汪光烈），“邑增生，性醇谨，孝友克敦，好古博雅，尤工翰墨，临池学钟、王以下及宋、元、明诸家，而萉枕米南宫者最久。惜年四十而殁，未竟

① 见崇德堂九十四世徽兴（汪祯祥）所藏丕鉴手记本。

所学，今流传片纸，人争重之”。同治《黟县三志·文苑》里有一位汪占晋，“廪生。少受父廷琛训，邃于经学，词章亦工，著有《桐轩文钞》”。

关麓村这样的人物并不多，但一般男子直到民国初年，还颇善翰墨，书法亦佳。日常燕处，朋友间也有论诗品画的雅好。汪亚芸先生现存顾耀南、江仲琴和一位署名为“旭”的长辈致他父亲汪悔初柬帖数封，都很有情致。如顾书之一：“委题画楣，本思兴到书之。不意稍写数事，竟心手不应，将尊画写污，殊与愿违，并负遵命。可见无根柢之字，不能运用自如耳。罪甚。”又有顾未题款识的书稿两页：“吾乡叔苴老人在道咸间为一时名士，善诙谐，文字特超而画尤自成一家，惟不轻应人之求耳。今搜求老人之画，益如凤毛麟角，殊罕觏。迩丙寅重九节，过舅家，见壁悬画松一轴，笔老气苍，绝非时手能臻此境。读其款识，果为叔苴老人之作，爱玩之余，因向表嫂要求割爱。表嫂乃慨然以此见赠。心喜拜嘉，爰志数语，永表谢意。时丁卯冬识于皖垣。”这些乡绅们生活中的文化氛围，由此可见一斑。①

商人们虽然自诩“儒商”，生活富足，毕竟还不能完全抹去传统“士农工商”的社会品级观念在他们心里投下的阴影。他们总要借各种封建关系提高自己的社会地位。前述昭志和令训的丧事，都请县主“点主”，即在神主牌位上给“主”字点一个红色点子，便是这种心态。更进一步的，是花钱捐一个空官衔。他们从少年时代就要学做生意，不可能通过科举获得功名；但他们有钱，可以用救灾助赈或其他各种名义出钱捐官，代替十年寒窗苦功。有些人还为父亲、祖父和儿子买封。例如昭志于道光十四、十五年用垄坪典盈余银三千两囤积贩运棉花，得利

① 汪祖武先生抄存光绪二十二年九月汪公庙开光演戏时戏台对联两副，均有很高的文学水平。其一，“时维九月序属三秋华宇净无尘任他霜信频催且借急管繁弦先把阳春调雅奏；篱菊犹存岭梅将放楼台声有韵恰当天高气爽试听霓裳咏奏尚留素魄送斜晖。”其二，“连日霜信频催秋光已老看层峦叠翠飞阁流丹恐辜负红树青山曾咏几回乐府；前番菊花宴罢酒兴犹浓恰江蟹初肥乡鲈正美且安排铜琶铁板重翻一曲阳春。”不知是否村人所撰。

五百两整，到道光十七年，“拨此银，请上代四品诰封卷，从生父上一代国佁公贻赠朝议大夫（按：另一处记为中宪大夫，例授州同知），生父光晖公诰赠朝议大夫（按：另一处记为中宪大夫），本身昭志公亦请例赠朝议大夫”。“候至同治初年，用以人（按：即丕鉴）生父德麟公名请三代五品衔诰封。上代先王父（按：即令训）诰赠、先父（按：即德麒）例赠奉政大夫。”所言三代仅举二代，更上一代昭志已曾请封。这次是由令训极善理财的孀居夫人叶氏出钱。得到诰封之后，“于同治年间在族祠（按：即世德堂）挂诰匾，己祠荣德堂亦挂诰封匾。办族规饼，办合族规，中海参席，晚鱼翅席，都十桌。有往无往概请来吃”。[①]丕鉴本人还于“光绪廿年在湖北鄂湘赈捐，例加捐蓝翎奉政大夫，同知衔，遵照省例，历捐县丞，指分江西试用县丞”。德麒还是“候选布理问监生”，他的胞弟德培则是“候选盐课大使正堂，江西候补巡检”。

“八家”也有几个大夫。其中一个是九十世经商的六房令钟。至今还有纪念他受诰封为奉政大夫时的彩色画像，像上恭书光绪十八年三月诰封的全文。[②]他的儿子德澄也是奉政大夫并授同知衔。“八家”的始祖，八十九世昭敦为奉政大夫。都是由德澄讨封的。

有钱有闲的寄生生活有很大的腐蚀性。清代末年和民国年间，关麓村的乡土生活发生了一些变化。有些浮浪人放荡而不知检点，赌博、抽鸦片、嫖娼。赌场很多。村子西北角，“六家”的汪丽声（来久）家曾是大烟馆。迁往鲍村的“八家”汪丕玉是个青帮头子，20世纪40年代霸占了关麓村村口几间商店屋，开了一家客店，聚赌并容暗娼，且曾图

---

① 载丕鉴手记本中之《昭志公代祖请四品衔封典根据、缘由细底》。本藏于其孙汪祯祥家。

② 此画像由九十四世汪景恒收藏。关麓村习称祖先画像为“容”。诰命文曰：“奉天承运皇帝制曰，求治在亲民之吏，端重循良；教忠励资敬之忱，聿隆褒奖。尔汪令钟，迺同知衔汪德澄之父，禔躬淳厚，垂训端严。叶可开先，式榖乃宣猷之本；功堪启后，贻谋裕作牧之方。兹以覃恩，封尔为奉政大夫，锡之诰命。于戏，克承清白之风，嘉兹报政；用慰显扬之志，畀以殊荣……制诰，光绪拾捌年叁月贰拾五日。”

财谋害一位投宿客商。一华里路外的宏田村，靠近接武桥，有两个大宅院，土名“下围墙”，一个是大烟馆，另一个住清音班。清音班是一种地方小戏班，平日应召到喜庆人家演唱堂会，也卖淫，亦娼亦优。民国八年腊月十三日晚上，丕鉴在他的手记本上写下了这样一段话：“……伊二房（按：九十一世德培，德麒之弟）丝毫分文乌有，概都败清败了，足见土话油干火无，弃世矣！搬来之物，废当票满当了有一百余张，计算洋有四五百元。换过了金叶金共有一二斤。有废票谱换金的。留得刻下价大，可谓巨富之家人也。实深可惜。此可罕见，罕有也。此记。魁銮家，物衣、首饰、赤金叶可谓黟县头一家，也遭败人。可惜，可惜！真正不少也。”[①]这些人家的败落都不是因经营挫折或遇意外，而是由于坐享其成的子弟日渐腐化。

公共生活

徽州农村的公共生活很发达，关麓村也不例外。

公共生活当中最主要的，是与宗族有关的种种。徽州“家多故旧，自唐宋以来，数百年世系比比皆是。重孝义，讲世好，上下六亲之族，无不井然有序”（道光《徽州府志》）。宗族关系的制度化，大约始于南宋，朱熹在这件事上起过大作用。他是徽州婺源人，二程子也是徽州人，影响很深，所以徽州素号“程朱理学之乡”。从明代嘉靖年起，与徽商的发展恰恰同步，在朝廷提倡下，全国各地宗族的统治加强了。后来宗族组织实际上取代了保甲，保甲长往往由宗族指派，报官任命。在宗族控制下的血缘村落成了县以下的自治单位。

① 1994年秋至1995年春我们在关麓村调查时，尚有硬木雕花鸦片烟床两张。村民相告，村中挖房基和翻菜地时，常可见鸦片烟具。我们采集了一枚。汪祖武先生说，他外祖父就是一夜间赌光了家产的，而他母亲仍嗜赌如命。“三家”汪亚芸先生说“三家”“六家”等房派的败落，主要是由于子孙腐化。“八家”子孙都比较谨严，连吸烟的都没有，所以发达。

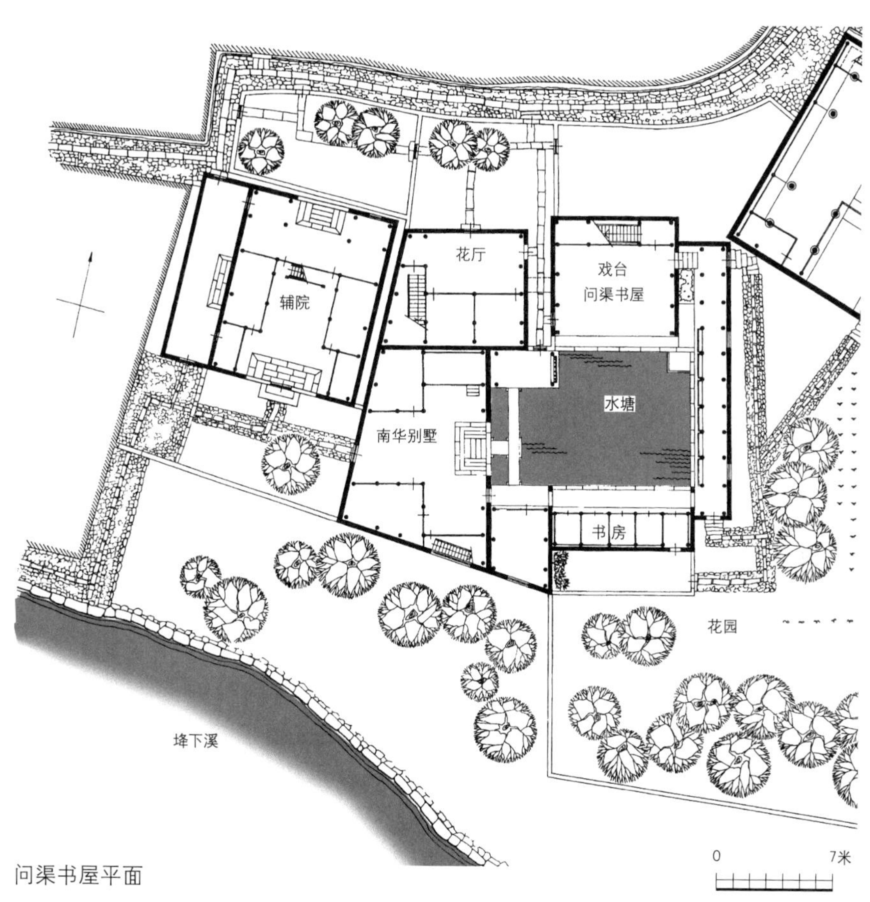

问渠书屋平面

政府默认这个事实，它需要宗族作为有效的管理者和统治者，在乡村维持封建秩序，保护社会稳定。清代徽州歙县人陈宏谋，曾历任数省巡抚，便写道："立教不外乎明伦，临以祖宗，教其子孙，其势甚近，其情较切。以视法堂之威刑，官衙之劝戒，更有大事化小、小事化了之实效。"（《皇朝经世文编》卷五十八《礼政》）

嘉庆《黟县志·风俗》载："徽州聚族居，最重宗法。黟地山逼水激，族姓至繁者不过数千人，少或数百人，或百人。各构祠宇，诸礼皆于祠下行之，谓之厅厦……族各有众厅，族繁者又作支厅，富庶则各醵钱立会，归于始祖或支祖，曰祀会。厅与会惟旧姓世族有之。"关麓村称众厅为族厅，即宗族的总祠，支厅为己厅，即房派的分祠。族厅、己厅都有祀会，另有一些重要先祖专设祀厅和祀会，如灿公厅祀七十九世文灿公，俪公厅祀八十七世国俪公。再往下则无厅而有祀会，如宠公会、恺公会等。祀会也并非人人都有，多是因为儿孙富裕才设立的。

宗族除必有祠堂之外，是有组织、有管理机构的。它的组织一般是宗族、房派、支派、家庭，它的管理机构是族长、房长、家长这样一个系统。关麓村的汪氏族长，由在村最高辈的最年长者担任。族长不一定有能力，但不能品性不端。真正的管理权落在宗族总祠世德堂“祀会”的“值年”手上。值年由五人组成，分别代表五个房派，即惇悦堂（“三家”）、敬承堂（“六家”）、崇德堂、承德堂（“新七家”“八家”）和“志顺公后裔”。荣誉性的族长是终身职，而掌实权的值年要每年轮换，所以不会形成一个专政集团。各房派内部则一直由长房长子或长孙为房长，下有“头首”轮值，制度与宗族相同。

宗族拥有族田，族田收入除用于祭祀外，多用于赡族和助学等。族田的起源很早，一般推北宋范仲淹的范氏义庄为嚆矢，后来在南方诸省很普遍。族田经长期积累，数量很大。1987年新编《黟县志》中黟县“土地改革前各阶层占有土地情况统计表”记载，当时地主占有土地18.32%，富农占有土地4.73%，小土地出租者占有22.6%，而族田，即祀会土地，竟占39.95%。关麓村世德堂名下有专门的臧获（按：即佃仆），则它会有过族田是无疑的，但数量已无从调查。族田的来源多是族众的捐献。前引乾隆三十三年华桧为四个儿子订的阄书里有遗嘱，给他在潜山的外室唐氏田租二百十砠，豆租十砠，“为氏食用之资”，唐氏殁后，“其业仍归公祠”。这是祠中族田来源的一种。在他的遗嘱里，也有一些店屋收入指定给崇德堂。

除了田地，族中公产尚有房屋、店铺。如关麓村丕鉴手记本中有光绪八年的《流芳公店屋议墨底》说：“尚宾公会内世守土名店门口坐东朝西三间楼屋一所，又毗连朝南店屋一所，递年所收租钱归会内祭祀标挂使用。迨至同治二年，屋遭兵燹（按：指太平天国战争），仅留焦土，会内无余资，不能起造。现在办祀费用无措，只得公同商议，将地厅宠公会监造，以每年所得租金，无论多寡，酌拨五成入尚宾公会，作三大房轮流值官祭祀等用，仍五成归宠公会经收。”由这份议定书同时可知祀会产业在不得已时可以转让。

祠堂和族田是宗族活动的物质条件。清世宗在《圣谕广训》中给宗族组织定的四个任务是：一、“立家庙以荐蒸尝”；二、“设家塾以课子弟”；三、“修族谱以联疏远”；四、“置义庄以赡贫乏”。明人张履祥《杨园先生全集·训子语》里说：“立祠堂以合族属，置公田以赡同宗，惇本厚族必以是为先。”清人袁枚的《小仓山房文集·陶氏义庄记》也说：“《易》曰：何以聚人，曰财。聚则收之之谓也。天下人非财不收而况本族乎？”他说明了宗族的凝聚力需要财力的支持。

宗族组织的作用远不止此，它实际上管理着农村社会生活的一切方面。就以清世宗所举的来说，如教育，不仅设免费的义塾，还要提供参加科考和考取之后“宾兴”的全部费用；义庄不仅要赡养鳏寡孤独，还要造厝屋、置义冢。宗族要立家规，主持伦理教化，维持封建纲常，守护宗族内部的和睦稳定和管理村落的秩序平安；要管理村落的建设，包括水系、道路、审批房基地，保护环境，包括卫生、林木和水源；要关心族众的婚丧嫁娶、析产分炊，尤其是继乏承嗣；要为本族的利益，与邻村别姓进行交涉；要举办迎神赛会、节时演戏等宗教迷信或文化娱乐活动，等等。

宗族活动的费用，大部分来自族田公产，不敷之数要临时按丁摊派。这种费用，数量很大，仅仅用于四时八节大小祭祀的就很可观。世德堂总祠的费用资料已经没有，而房派之一的崇德堂有很多则资料。其一，“值崇德堂头首每逢十二月二十四日上首交下首，给谷四十砠，备办祭品。规例列左：正月初三日办米一盘、豆一盘，谷一升，会内出钱二百文，容[①]，戏；正月初六日，送容、请容、烛，头首办祭品十二盆（略），用杯筷十副，会内出鼓乐钱一百廿一文；正月初十日，办祭品十六盘（略），会内办表礼全副，又给鼓乐钱一百廿一文；清明节办四盒，会内出往八都挂白给担力钱二百文，包七斤，送八都看坟人鸡

① 容，即是先祖画像。

鱼肉共一盒、糕一盒（米十三升、糖四两）、豆腐清明菜共一盒、白米饭一盒；中元节办祭品十六盆（略），用杯筷十副；冬至办祭品十六盆（略），会内出表礼一副，鼓乐钱一百二十一文；腊月二十四日办祭品十二盆（略），用杯筷十副。”十二盆和十六盆的菜色有鱼翅、海参、淡菜、明甫（按：即墨鱼干）和鸡、鱼、猪肉、肉丸等。

祭礼之后要分胙钱、胙肉、胙饼。另一则资料记载着：“光绪元年正月定例，崇德堂管事者给发元旦利市丁饼钱廿文。至初五日暖容，各带香纸、杯、筷、碗、汤瓢去吃。又初六日酉时祭灿公，到，胙钱廿文。是晚宠公厅暖容，到，书名，出钱一百文，随带火炮、香纸、杯、筷、碗、汤瓢去啖。初八日春祭，绅衿到，胙钱四十文。”可见正月祭祀的频繁。族众，尤其是绅衿，所得不菲。[①]

房派以下各级祀会，参加的人很少。参加者各持股份，公产可有田地、房屋或商业资金，除年节、冥诞、忌辰各次祭祀费用外，持股人每年还能分到一些谷子或利息。因此，股份不但是家庭可以继承的遗产，而且可以出售或抵押。丕鉴手记本中有一则：“崇德堂训公会，由先父、先叔（按：即德麒、德培）同立，以后两房轮管值年祭拜，有余之谷，存钱存匣，以备后归养叶、周氏（按：即令训的妻妾）二祖之费。万不料违背父叔之议，陡起生心，押与本族竹阁名下。次清一笔押英（按：应为鹰）洋四十八元，增寿一笔押英洋四十元。”次清和增寿，就是败光了家产、只剩一百多张当票的二房孙子。

庙祭之外还有墓祭。最主要的是“清明会”，由惇悦堂、敬承堂、崇德堂、承德堂、“志顺公后裔”五房派轮值管理。清明节日，各家出一人，共赴六都大坞村祭扫七十四世迁黟始祖兴甫公的墓。[②]

---

① 以上两则资料均见汪祯祥所藏手写本《原斋敬录》，为一杂记本。大约也是丕鉴写的。关于世德堂，仅有汪祖武先生的回忆：民国时，年三十晚上，世德堂发“请饼”，是一斤一个的面饼，合族男丁都有。为了“聚族”，要等唱完全部神主牌上祖先名字后才发，发完已过午夜。

② 汪祖武先生回忆，民国年间，参加者每人出银一元。

除了祭祖，关麓村重要的公共活动就是举行各种庙会。庙会都在神诞日举行，其中最重要的是汪公会、观音会和关公会。这些是南方巫觋文化杂神崇拜的余绪，连观音菩萨也一起混到杂神业中去了。庙会都有股份制的祀会组织，同样以公产经营，除祀神费用外，按股分利。

徽州盛行迎神赛会。赵吉士《寄园寄所寄·泛叶寄》云："先曾祖日记：万历二十七年，休宁迎春，共台戏一百零九座。台戏用童子扮故事，饰以金珠缯采，竞斗靡丽美观也。近来此风渐减，然游灯犹有台戏。以绸纱糊人马，皆能舞斗，较为夺目。邑东隆阜戴姓更甚，戏场奇巧壮丽，人马斗舞亦然。每年聚工制造，自正月迄十月方成，亦靡俗之流遗也。有劝以移此巨费以赈贫乏，则群笑为迂矣。或曰，越国汪公神会，酬其保障功，不得不然。"

汪公庙会是纪念四十四世祖汪华的，叫接汪公菩萨。关麓村过去每年举行一次，一年由上门主办，一年由下门主办。到民国年间，上门人丁衰落，无力承办，改为由下门两年接一次。下门的汪公会由五个房派联合举办。汪公庙在关麓村东半华里，黟祁大道的南侧。大殿正中供汪华神主，神主右侧有一个华丽的神厨，内供汪华木像，手足有机关可动。平日关上厨门，不让人见到。每年正月十八日将木像迎出，穿新袍、戴新盔，游行四乡一日，然后抬到世德堂，供在神台上，点上灯烛。敬拜三四天后，抬回去，重新换上旧袍、旧盔，存放到神厨里。

最热闹的是阴历六月十九日的观音会，每次至少延续一礼拜。有许多外出的生意人把休假定在这时期，赶回家来参加。因为十分盛大，费用不赀，不可能每年举行，只能连三年，歇三年。丕鉴手记本里有一则资料为："光绪八年，金松叔来说今年六月大接观音，意欲办桌、装盆，邀我家合办四张，计价洋约四十英元。麟公认捐大洋十五元，八家捐大洋廿元，仍欠。随叫三贵来，定放在崇、承管。如果难写，两人派认也。"可见当时费用已不好筹集。抗日战争时期停办，1946年又举行一次，是最后一次。从4月份起就开始准备，一是选出四队少年学打锣鼓、大小钹和吹笛，每队各六人，上门两队，下门两队。另一是做“米塑”[①]，即用糯米粒粘成灯笼、花瓶、飞禽走兽等，染上颜色，迎神时用作祭品。接菩萨游行队伍中，有纸糊的观音、普贤、文殊、十八罗汉、二十四尊者、弥勒和韦陀，大约两米多高。同时，村里搭台请和尚念经、唱戏，请道士禳星挂斗。[②]

关帝会在阴历五月十二、十三两日举行祭拜，比较简单。关帝会是股份制，丕鉴手记本中有一则嘱咐：“留心每年定例，五月十三日至本村关帝庙去分祭品，熟肉连年有……勿忘记，可惜……以人（按：即丕鉴）独得一股，每股鲜鸡、熟肉、猪肚、猪肝、猪肺、肉丸，约重一斤。糕三块，熟面二碗，鲜猪肉三斤。六年一轮做头，收谷租，次年五月十三交会收租算账，以实收入折交会头首，得两□折余羡老例。”

村里公共生活，除宗族和宗教活动之外，重要的就是文教。徽商一向重视教育，村村都有“文会”。关麓有一个辅成文会，不完全是宗族性的，而有乡党性。除汪姓外，还有附近各村程、潘、王、黄诸姓参加。它的宗旨是联络读书士人的感情，交流学习心得，鼓励科举事业。文会在徽州各邑很普遍，同治《黟县三志·艺文》有康熙庚寅知县李登龙写的《聚奎文会序》，他说：“黟邑各都之设有文会，一以敦气谊，一以广观摩，诚美举也……余所望会中诸子，正其谊不谋其利，明其道不计其功。日有课，月有会……经旨有未晰者折衷而商订之，文义有未善者讲论而开导之……有过必折，有善必规。行之者数年，吾见文运日以兴，文教日以盛。从此科名鹊起，甲第蝉联。”各文会的活动方式不尽相同。如距关麓村约七华里的南屏村有叶氏文会，“按季月一集，赡其供给，聚则言孝言慈，以余力攻举子业，分曹角艺，一以雅正为宗，期于言文行远”。五都的集诚文会，“月逢孟春，日诹望八，礼馔陈帛，致奠先贤，标题作文，奖励后学，以及岁科乡会等试，咸量给资斧，以

① 米塑是关麓村特有的技艺，传媳不传女，现已失传。

② 1946年接观音菩萨在“三家”汪金寿家北侧，即来龙山余脉尽端北侧，空场上搭台唱戏一礼拜。

示优崇”。

关麓村的辅成文会在民国科举废除之后每年还集会一次，时间是在清明节前几天的春社日。它有自己的建筑，在关麓村东约一华里，靠近宏田村。这一天，聚会者焚香祝拜，放鞭炮，祭祀文昌帝君。有厨房做饭，与会者聚餐。辅成文会后进为乡贤祠，供奉乡里杰出文人的神主或画像。丕鉴手记载，同治十三年十月初四日，令训公向辅成文会捐助钱拾千文，于是他与身为国学生的父亲昭志及祖父光晖，都得以在会里“配享中座”。这就和他们出钱捐纳“奉政大夫”之类一样。

关麓村还有一个致中文会，是与文灿公祀会有关的一个会。只有入过致中文会，才能在祭拜灿公厅之后领胙钱四十文。丕鉴手记：“以人光绪年间领致中文会大洋二十元正……子较母有倍。”显然是股份制而经营牟利的。[①]

有些会从事公益，如恤嫠会、乐善会、路会、亭会、桥会等。关麓村还有一个“添灯会”，专管维持路灯、长明灯，也有股份，且经营逐利，公益事业是用所获利润的一部分维持的。

这些形形色色的会，在封建农业社会的血缘聚落里非常重要。不仅是祭祀性的，即便是敬神拜佛的、教育的、公益的，也都是宗族性的或有宗族色彩的组织。它们分头主管着聚落中各种公共事务，不论是全体族众还是部分人的。通过组织公共事务，通过建立规模可观的公产，它们加强了族众，亦即村民与宗族、乡土的关系，把族众牢牢地拴在宗族和乡土的脐带上。这些会的公产给宗族的血缘关系又加上了一层经济利害关系。它是一种基金会，也说得上是某种意义上的社会保险，从而使宗族得以加强。而公产的运用，则是徽商集资的方法之一，所以各会的股份都有利息。

---

① 许承尧《歙事闲谭》第十六册《歙风俗礼教考》云：“各村自为文会，以名教相砥砺，乡有争竞，始则鸣族，不能决则诉诸于文会，听约束焉。”因文会中均为文化程度较高的乡绅，所以自然形成权威。

好山好水好家园

关麓村的建设，是在徽州地区普遍的乡土建设高潮中进行的。这时候徽派建筑和新安派园林艺术已经成熟，百作匠师都达到了很高的水平。环境建设和村落建设进行得如火如荼。关麓村的发展具备了很好的外部条件。

强有力的宗族关系牢牢拴住一些富裕的徽商，这种封闭的传统农业社会和经营四方的商人的奇特结合，是农业不发达的徽州乡村建设普遍达到高水平的前提。徽商亲身参加过创造长江中下游城市繁荣的经济和发达的文化，他们怀着深厚的感情来建设自己的家乡，以致在徽州，几乎村村都房舍精洁，村落俨然，祠庙华丽。其中黟县的乡土建设非常出色。

路、桥、亭

乡土建设，不仅是住宅和祠庙，还有道路、桥梁、水利等公益工程。住宅都是自建的，宗祠的兴建大多用公产，也有的由族人集资或独资捐建。庙宇大多靠募化，当然也有信徒捐建的。修桥铺路造亭子是善行义举，一般乡绅乐此不疲，包含着积德祈福的意思，所以规模很大。[1]

① 民间流传很广的《佛说三世因果经》有云：“骑马坐轿为哪般？前世修桥铺路人。”1930年代，村人汪慎吾为母亲做寿，给村北绕埄桥加宽了一块石板。

官府也有修桥补路的责任，不能怠慢。[①]

对关麓村早期建设影响最大的当是黟祁大道，黟县的商人就是从这条大道走向景德镇和安庆，或溯赣江而上，或顺长江而下。每逢年关将至，道上担夫络绎不断，把大量财货送回徽商老家。黟祁大道的关键工程是西武岭。唐《地理志》云，武陵岭（按：即西武岭）于元和中凿石为盘道，以开辟祁门与歙州的交通。邑人汪有光《黟山纪略》载："县西南十八里有武亭山，横江水出其南，其山危险，宋绍兴中邑人黄光晖凿之乃有路以通祁门矣！"（道光《黟县续志》）嘉庆《黟县志》又有明代赤岭村（在关麓村东南三华里）贡生苏源在西武岭建如心亭，并建由亭至花桥三十华里大路的记载。花桥在西武岭之西侧，现今祁门境内。对这条路贡献最大的是乾隆时古筑人孙洪维。他独资于乾隆丙午年（1786）八月动工修建西武岭路，亲自住在岭麓庵内日夜管理施工。当时知县施源撰《西武岭记》赞曰："鸠工伐石，择其紫砂者涩可留步也。每蹬之级不逾寸，以节登顿之劳也。路宽处规一丈，窄者半之。步担之侣不烦争道而趋……岭巅旧垒石为一邑关钥，君修整其颓圮者，而又虑行旅之渴也，设茶亭于村口，夏施其凉，冬施其温，君之用意可谓周且备矣！"（嘉庆《黟县志》卷十五）工程历时四年，于己酉年（1789）八月完成。施源又在《黟山竹枝词》里写道："西武岭高高插霞，西武岭平平碾车。上岭下岭踏镜面，中亭打拄吃凉茶。"

县志上还有多次关于西武岭的记录。一云明僧洪干在西武岭头建西武岭庵，即西闲庵，邑人舒家声有诗，中二联为："云来庵是主，鸟倦梦归山。荒寺无朝课，禅扉但昼关。"一云厚善（后阐）人贡生方振声为母百有二岁于西武岭上建贞寿坊。嘉庆《黟县志》上"岭防图"中有西武岭碉卡，咸丰三年，地方团练复修建岭头碉堡防太平天国军队，以后多次在这里发生战斗，堡垒屡毁屡建。现在所见的关门堡垒全用条

① 《大清律例》，工律四百三十六"修理桥梁道路"："凡桥梁道路，府、州、县佐贰官提调，于农隙之时，常加点视修理，务要坚完平坦。若损坏失于修理，阻碍经行者，提调官员笞三十。若津渡之处，应造桥梁而不造，应置渡船而不置者，笞四十。"

原令钟宅（李玉祥 摄）

石搭成，东门额镌“东来紫气”，西门额镌“西武雄关”。庵、坊与亭今俱不存，关门堡垒已于近年被人偷拆条石而倒塌。岭的西侧，即今祁门一侧，由上至下有路亭名中亭、永模亭和分界亭，都是由关麓汪氏建造并施茶。中亭见施源诗，正式名称为万福亭，规模相当大，亭内四周有坐凳，可容几十人。靠北建小屋名半隐庵，有人施茶水。分界亭为黟、祁两县的界线，对祁门一面为过梁方门洞，对黟县一面为券门洞。过分界亭，祁门境内岭路用红砂石，而黟县这边铺青石板。则施源所记，或是祁门一边的岭路，或是有误。[①]同治《黟县三志》还有四都高村人许通衡“尝出千金修祁门路……每岁盛夏在西武岭施茶，普济行人”的记载。又记古筑东邻陈闾村监生王士学等助修接武桥及接武桥驿路。驿路

① 县志云，明代曾建武岭铺，距县城二十华里。铺即急递铺，有铺司一名，铺兵三至五名。清初各铺有马七匹，马夫四名，差夫十名。乾隆二十三年仅各有差夫八名。嘉庆时废。武岭铺址不明。

是中排条石，两侧以大块卵石铺砌，也不同于施源所记的岭路。[①]

虽然所记的路和亭有些已难考查，但可见西武岭的重要，来往行人的众多，吸引一代又一代的人关心这条大路的建设。40年前，岭头还有一棵百年的大松树，亭亭如盖。远行的，过去便是他乡异客，投身如同战场的商场；回家的，过来便是离别了多年的妻子儿女。人们把这棵松树叫迎送松，寄托了深沉的感情。

接武桥在宏田村东约两百米，跨在从赤岭村发源北流注入武林水的一条小溪上。《黟县三志》另载，接武桥在乾隆五十三年（1788）曾被洪水冲毁，官路汪姓同山日潘姓、王姓重建。王姓可能便是王士学或他的族人。今存的接武桥是单孔石拱桥，长8米，宽3.2米，高5米。

从接武桥到黟县城门口的东岳庙，这一段黟祁大道长约十七华里，一路有新亭（古筑镇）、关东亭（明嘉靖年间建，乾隆间知县孙维龙题

① 1983年造汽车路时全部拆毁，成为坑洼不平的烂路。

俯瞰汪令镛别厅及花园

石匾）、峰回亭（关麓承德堂汪光烈题匾）、乐善亭、月塘三亭（三亭相距约50米，居中之月塘亭内卖茶食等）、同乐亭和桂林亭。均为穿心亭，即大道从亭子中穿过。亭内有坐凳，可供过路人坐卧。①

桥、路、亭和义茶，都有固定的田产收入作为常年维持的费用。关麓村“三家”先祖汪琼，“顺治十年独力建造石山挹秀桥，止自认出费二千两而归其善于当事。又割腴田数十亩，嘱后人以岁积所入为修葺费，迄今独修已五次矣！”（嘉庆《黟县志》）当时获得县里赠“得胜编硚”匾一方，悬挂在众祠世德堂里。

关麓村汪氏崇德堂九十二世丕鉴的手记本有一则资料，详细记述黟祁大道上一座路亭的建造和管理：“曾祖昭志遗下祁门地界大洪岭碧云庵屋宇亭屋一所，系乾隆三十年二月建造。乾隆、嘉庆因年久倒塌。烧茶人阳奉阴违……延道光十八年，先王父令训公复修理如贴。冬扫雪、夏施茶，长年雇人不减……咸丰三年，粤匪窜扰，重叠被遭（糟？），善举废弛……同治四年，时势将平，祖妣叶太宜人由潜山回黟，观其屋宇亭门已遭（糟？），比叫匠即行修理，照旧施茶。难觅常年妥当人，只得暂作暂施……延至同治六年二月初，石埭雷湖人姓胡托中来说，周年代为施茶，冬扫岭上雪，一切等决不误事。故立约，照抄录列：黟县官路下汪令训公会（按：会，为后人集资负责先人祭祀、礼神及举办公益事项的组织）名下修造祁邑大洪岭碧云庵亭屋一所，并领施茶锅灶碗盏一切家伙什物，另有单录明件数。三面议定，递年领汪宅施茶大钱二十四千文正，按月二千扣算。又领灯油钱三千文，折油四十斤，逐月日日夜夜不减。代办长年茶水，神灯、门口灯共二支。订冬季扫岭上雪，不得退缩不扫。如果访知，即行开释，决无容缓。身（按：身，立约人自称）承来居住，不得窝留匪徒。其茶身必办得洁净、新鲜、熟热，时时接济，不得污秽、宿冷、间断误事。尚有不合，听从汪宅另召他（按：恐漏‘人’字）承办，身立即将屋亭并锅、灶、碗一切家伙什

① 今仅存峰回亭一座，已被人占作住宅，石匾被某食品厂搬去铺地。其余诸亭均在1990年前后拆除。

物退还汪宅，绝无异说……薪水按三节支取，预先见付一节，计钱八千文，按照市扣洋银……”

这件合约是同治七年四月立的，承领约人为胡永发。从这件资料可以看出，乡绅们对造庵、造亭、施茶之类的事情是非常认真的。

和黟祁大道有关的还有一座有特殊意义的建筑物，就是关麓村西二华里的岭脚村（西源古里）东口的三郎庙。庙本是一个穿过式的亭子，于南侧加宽供奉三郎神壁画像。道光《黟县续志》卷十一说“三郎庙在县西二十里西武岭下”。注曰：“宋朝《会要》云，炳灵公庙在兖州泰山下，即泰山神三郎也。后唐长兴三年诏封泰山三郎为威雄将军，宋大中祥符元年十月封禅毕，亲幸泰山三郎庙，加封炳灵公。”可见三郎庙本是山神庙。但是，过西武岭的大路是黟县人外出赴安庆和景德镇经商的主要大道之一，年年有多少人辞别爹娘妻子，布杉麻鞋，纸伞糇粮，远奔他乡。一去不论是祸是福，是困是达，从此很少返回。所以乡谚说：“过了西武岭，不管家里有米无米。”然而家里年轻的新婚妻子，却把自己整个生命都寄托在远去的良人身上了。良人是从这座庙背后隐入茫茫山林的，于是，她们年年都要到三郎庙来烧香，祈祷良人的平安，企求他不要忘记妻儿老小，直到他回来。三郎庙四季香火很旺，妇女们早已不把这座庙当作山神庙了。它见证着徽商眷属们生活的孤寂和心情的凄清。徽商开拓四海，留在身后家乡的是多少双凄婉哀怨的眼睛。乡谚说：“嫁了生意郎，少年白头守空房。”于是几乎村村都有了节孝祠、贞节坊，祠堂里还挂着多少旌表的大匾。赵吉士在《寄园寄所寄·倚仗寄》里说：“新安名贤辈出，无论忠臣义士，即闺阁节烈，一邑当大省之半。岂非山峭厉、水清激使之然哉！”徒然空言欺人，而最真实地抒写了新安妇女命运的，却是三郎庙缭绕的香烟。

高邻环列

黟城盆地里，三五里就有村庄。关麓村周围，散布着一些文化水平

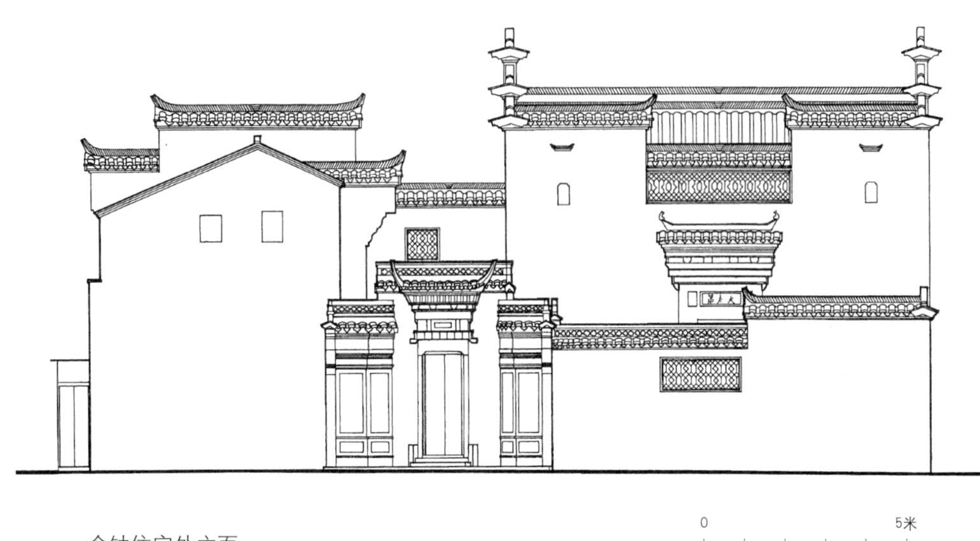

令钟住宅外立面

很高、乡土建设成就十分突出的聚落，亭阁相望。关麓村的建设就在这样的环境里进行。

关麓村东两公里余有古筑镇，历史古老，宋代设镇，明代设递铺，今为西武乡政府驻地，是黟县西武乡第一大镇。镇上有商业街贯穿，大石板铺地，两边店肆鳞次。住宅宏丽，多二三进建筑，寝楼有至三层的。小木作很精巧华丽。古筑的文风丕盛，文人辈出，使古筑的建设有浓烈的文化气息。崇祯岁贡孙时新，“博览群书，为文闳衍奇肆，顷刻千言。然其人平易可亲，而风流文雅，有高人之致。晚年筑华萼园，隐居教授，亭馆萧闲无俗韵。手植花木，今蔚然深秀，为后人肆业之所”（嘉庆《黟县志》卷七）。镇上有关帝庙、文昌阁、汪公庙、徐宣灵王庙等。镇南水口武林水上建古筑桥，旧为木桥，明永乐时改为单孔石拱桥。①迎水面有“武溪流霞”四字。村人有许多咏桥诗流传在县志里，乾隆年间孙锦诗：“绿涨溪痕已渐消，水荭花发柳萧萧，寒烟一抹斜阳晚，贳酒谁过古筑桥。”

① 桥于清咸丰十一年毁于太平天国，合族重建。长9.5米，宽3.9米。其他公共建筑如庙宇、文昌阁等均已毁。

关麓村东北五华里有黄村，这里出过清末著名的黟山派篆刻开宗大师黄士陵（1849—1908），与吴让之、赵之谦、吴昌硕并称为晚清四大家。黄士陵暮年家居乡里，筑“旧德邻屋”。有《黟山人穆甫先生印存》四卷行世。黄村的水口建筑群曾经远近闻名，包括文昌阁、集成书院、武曲楼、涵远楼、红门祠堂和圣庙等，[①]它们之间由园林连接。两层楼的文昌阁前有泮池，它门楣上方的石匾上刻“立高见远”四个字，是清道光九年状元李振钧题的。蜿蜒贯穿全村的横街，两侧连续排列着数十个青砖雕花门头，格调高雅，繁简得体，是徽州砖雕艺术的最高代表。小巷里也处处可见青砖雕花门头和其他雕饰，大都是清代的民居、书塾和小园林。

关麓村东南七华里有南屏村，始建于元代，有近三百幢明清两代精美的民居，还有几所大型的园林。全村有36口水井，72条巷子，都是大青石条满铺。至今还保存着8座宗祠，有几座规模很大，门楼是歇山式的“五凤楼”，祀厅里挂着“钦点翰林”“御赐翰林”等大匾。它的水口建筑群也很壮丽，有一条三孔的石拱桥，桥边小丘上一大片松林，桥名“万松桥”。桥头对着万松亭、文昌阁、观音阁和一个大园林。清初文学家姚鼐来访，写过一篇《万松桥记》，说“吾至徽州，观其石梁之制，坚整异于他郡，盖由为之者多，石工习而善于其事故也……嘉庆七年九月桥成，长十二丈，广一丈六尺，高如其广”。村里也还有几所园林。[②]

黄村西侧有灵惠寺，建于宋代，据嘉庆《黟县志》，灵惠寺大殿右为西舍，西舍之北为醉经精舍，又北为灵峰古刹。规模大，香火盛。大殿内东侧墙上有绍兴十七年（1147）石碑，述及方腊义军。今仅存西舍，碑已移存城中。

南屏村后有淋沥山，风光奇丽，存三国东吴战争遗迹。过去梵寺林立，还有一座书院。自然景观和人文景观都很丰富，是黟县最重要的登

① 圣庙即文庙、孔庙。现在整个水口建筑群已荡然无存，仅有文昌阁的残架孑立池边。
② 南屏村水口的公共建筑也毁灭无遗。桥存，祠堂尚余八座。

临胜地。

关麓村北不足十华里，有一个碧山村，也是汪姓聚落，是南宋绍兴二年进士汪勃的故乡。汪勃曾任签书枢密院兼权参知政事，因与秦桧不和，退居故里，建造了一所大花园，叫培筠园。他的同榜、礼部侍郎张九成远道来访，留下一首诗，后来刻成石碑："万仞巍然叠嶂中，泻来峻落几千重，森森桧柏松花老，又见黄山六六峰。"园子和诗碑是黟县的名胜。村中祠堂宏丽，住宅连甍接檐。村口有一座五层六角砖塔，高36.4米，叫云门塔，建于乾隆四十七年。道光《黟县续志》卷十五有胡克家撰《造碧山云门书屋塔记》，写道："汪氏族中彬彬儒雅士，为文会，皆在宗祠。祠面巽，霭峰当其前……以会文与祠为不便也，乃合族捐金造塔与章水西，而因其地为云门书屋，族人会文者造焉。"这是一座文化建筑。

汪子真和振美从六都大坞到关麓村落脚的时候，它邻近的村子早已"粉墙矗矗，鸳瓦鳞鳞，棹楔峥嵘，鸱吻耸拔"。关麓村就是在水平很高的建筑文化环境中建设起来的。它当然会利用邻村几百年中养成的全套水平很高的工匠，也会借鉴邻村的经验。关麓村比起邻村来，更加整齐，更加和谐，紧凑而不拥塞，整体性强得多。

相地布局

关麓村，是有钱有闲、有高文化素养、参加过长江下游经济文化建设的徽商在封闭的农业社会里的故乡。这是他们的妻儿老少的居住地，他们退休颐养天年的"半隐"之所。村落的特色是由这个性质决定的。

俞正燮《癸巳类稿·黟县山水记》："武亭山，武林水出焉，山故凹凸出入，亦曰武陵。"关麓村就位于武亭山北的一个凹凸里。有两条山冈从武亭山蜿蜒向北，它们因作为关麓村的风水山而得名。东边的一条叫来龙山，西边的一条叫眠牛山。来龙山余脉较长，从古筑西来的黟祁大道，越来龙山北端的余脉，叫绕埄岭。向西经两冈之间的壑口，又在眠牛山的北端外侧切过，然后奔西武岭而去。

来龙山在大道以北还有七八十米长的一段丘陵，它西侧有不大的一片平地，叫汪海，是明代中叶汪子真和汪振美迁来时最初的定居地。关麓汪氏的总祠世德堂就建在这里。后来，“三家”的已祠（房祠）惇悦堂造在世德堂的南侧，[①]“三家”主要就住在这一块地方，过去叫“下村”。这里的祠堂和住宅都朝西，为的是取前低后高的地势。

住宅元宝梁

“六家”主要住在眠牛山北端坡下，已祠敬承堂左右，黟祁大道两侧。地段很窄，南有山冈，北面下一个陡坎就是谷底水田，所以房屋沿大道呈条状分布。敬承堂在路南，朝北，也是为了取前低后高的地势。同理，住宅也都朝北。[②]

来龙山和眠牛山之间的小袋状山谷被埄下溪分为东西两半，溪西一带叫作堑下，是崇德堂、承德堂和“老七家”三个房派主要的居住地。崇德堂已祠大致在堑下的中央偏北，朝东。承德堂已祠则在袋状山谷的口上，门临黟祁大道，朝北。“老七家”没有已祠。堑下现在是关麓村

① 世德堂于1983年因卖木料被拆毁。惇悦堂在太平天国时被焚，后重建，草率简陋，现存，作为粮食加工厂。正面为贴墙砖牌楼。

② 敬承堂于1955年被拆毁，原来的正面为青砖贴墙牌楼。

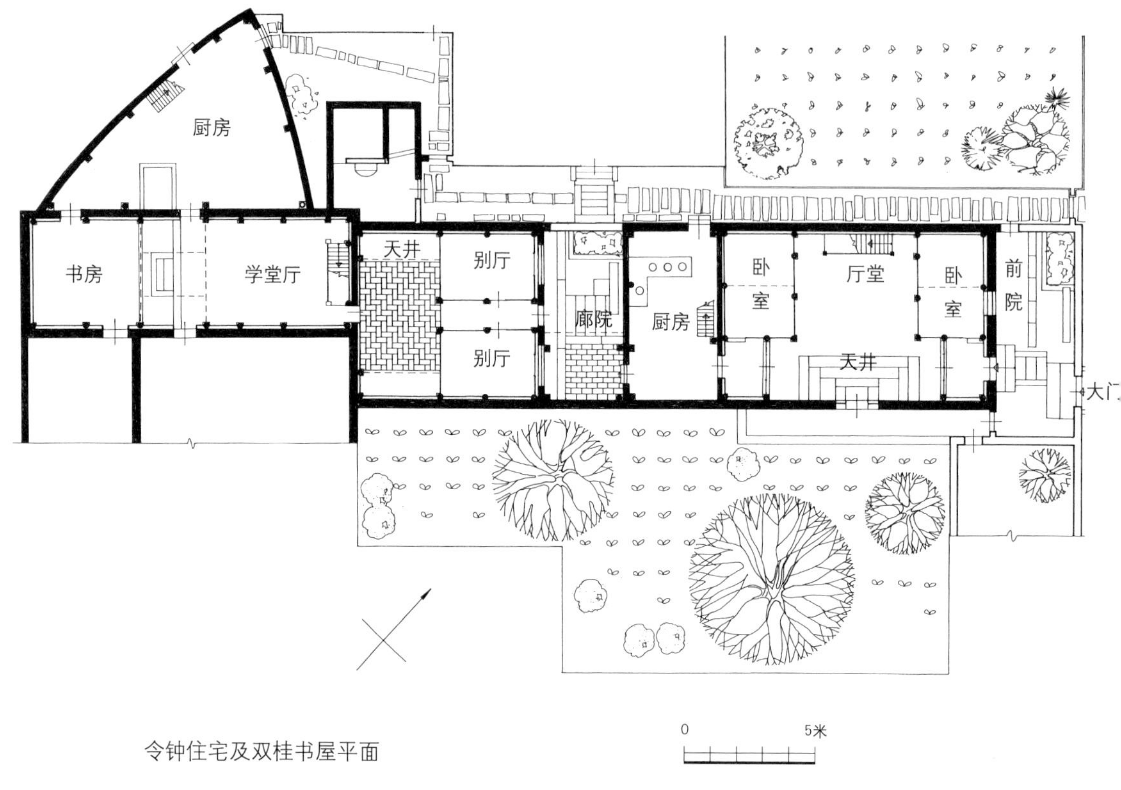

令钟住宅及双桂书屋平面

的主体，面积最大。

没有建过己祠的“志顺公后裔”主要住在绕埄岭上，由汪海往东大约一百米。

关麓村的大布局与汪氏宗族的内部结构相应。

汪海的南缘，黟祁大道北侧，有一排商店，统称地名为“店门口”，南侧没有房屋。六家区内的东段，即敬承堂以东，大道两侧还有些店铺。黟祁大道穿过绕埄岭聚落，形成绕埄街，两侧也有店铺，北侧少一些，南侧多一些。

眠牛山偏西的高地上，有关麓汪氏的墓地，后来这里渐渐形成了佃户和佃仆居住的村庄，叫作埄下村。六家区之北，隔谷地，有从西屏山迤逦而来的一条冈子，叫查李冈，也是汪氏坟地。绕埄岭上也有些坟墓。

堑下西北的眠牛山东坡脚下，也就是六家区与堑下之间的狭窄地段，因位居敬承堂后的高地而叫“后山墩”，有些十分简陋的小房子集中于此，过去大都是佃户或佃仆的住所。另一处佃户和佃仆小屋比较集中的地点在汪海北端，也就是垕下溪出村的下游。关麓村的社会等级结构在村落的布局上表现得很清楚。

从绕垕街东口到六家区西口，大约五百米。从汪海北端到堑下南端大约四百米。村子的总平面如“T”形，决定于村子的功能结构。

关麓村的小水口就在黟祁大道和垕下溪的交会点上，建总祠世德堂，是全村的礼制中心，体现宗族的凝聚力。另有一个中水口，则在从接武桥到绕垕街东口一线，建汪公庙等，是村子的崇祀中心，它与“去水”无关。水口建筑物沿黟祁大道排列，是一个很特殊的布局，反映出大道对村子的重大意义。

绕垕岭高不过四五十米。从西武镇来，过中水口，在岭上向西南望关麓村，作为背景的西屏山脊和武亭山脊以浑圆饱满的轮廓线向西武岭垭口缓缓斜落，垭口正中鼓起一个小小的圆丘。这是关麓村总体的风水，象征女阴，宜于子孙繁衍。所以，村人说关麓的风水是“美人形”。封建制度下的农业社会里，除了自身的温饱外，多子多孙被看作一切幸福的根本。所以，绝大多数村落选择风水的时候，首先都要求它利于子孙的繁育。

汪海、堑下、六家区又各有自己的风水。直至每幢房屋，定基时候都请风水师择向，因此造成各户朝向不一致，这是村中街巷曲折的原因之一。

关麓村的布局鲜明地显现出汪氏宗族的内部结构、功能结构、社会等级结构，并和自然环境契合。

俎豆馨香——小水口

徽州的村落，例有水口，多在村子的下游。入村道路一般都溯溪河

住宅侧门（李玉祥 摄）

而来，水口便是村口。据堪舆术，水口应在溪河左右有小山或小高地错列夹峙，称“狮象把门”，不让溪河水“直泻无情”，以利“藏风聚气”。为了加强“关锁”，水口还常有文昌阁、关帝庙、桥、长明灯、牌坊和“文笔”之类，形成水口建筑群。它是村落最华丽壮观的部分，代表着一个宗族的经济文化水平和伦理教化成就。关麓村的形势是过境大道与埄下溪直角相交，溪过大道之北便匆匆下坡“直泻”武林水；虽然东有来龙山余脉北端，西有小高地[1]加以关锁，毕竟仍嫌短促，于是便在大道与埄下溪交会处建水口建筑群。包括交会点的大平桥，桥头北侧的长明灯杆（添灯柱），溪东路北的宗祠群，溪西路南的宗祠和庙宇。交叉点的西北是宗祠群的“明堂”，交叉点的东南是堑下住宅区的“明堂”，所以都保留为空地。交叉点东北的建筑都朝西，西南的都朝北，这个水口建筑群的方向感不很清晰。

① 西侧小高地在1960年代末“农业学大寨”时被挖平。

东北部的注海地区，大约明代中叶就建造总祠世德堂，以后陆续又在北侧靠后造了致和堂，在世德堂南侧建造了“三家”的惇悦堂，致和堂前面造了资源堂，即灿公厅，祀七十九世文灿公。[①]文灿是振美的次孙，下门“三、六、崇、承、七、志顺公后裔”所有各房派都由他而出。

这四座宗祠形成了一个群体，以世德堂最宏大，作为中心。它们取前低后高的形势，背靠来龙山余脉（因而称后山），面向正西。正西为西屏山，作为朝山。山脊平缓。村民传说，因为关麓村科甲不发，曾请阴阳师看风水，阴阳师建议在西屏山顶，正对世德堂，用人工垒起一个锥形土石堆，作为文笔峰，以利科甲。村民在宗族组织之下，所有的男子，不分年龄，一律上山去堆。儿童，包括襁褓中的幼儿，由父兄代劳，完成定额，于是一夜之间便堆成了。后来另一名阴阳师认为这锥形土石堆不利于宗族，必须在世德堂前挖一口水池，造一堵影壁，挡住它的煞气。于是，在康熙年间就募捐挖成了一个半月形的大水池。锥形堆从山势来说是火形的，汪姓属金，火克金，这大约就是第二位阴阳师建议的根据。

水池称月塘，弦长78米，矢长39米，潴埄下溪水而成。沿弦岸有青石栏杆，计108个望柱。弦的两端，沿弧线各有一段“黟县青”大理石做的栏杆，计13个望柱，合计26个。再过去就没有栏杆了。资源堂最突前靠近月塘，大门有联曰：“檐当峻岭云千叠，栏绕平湖月半弓。”写的是实景。[②]

沿月塘弦岸的栏杆有一条石子路，后来在路的东侧又砌一道约两米高的砖照壁，长与弦岸相等。这照壁是为四座祠堂挡住西屏山“煞气”的另一道屏障。照壁下面有36个小孔，将汪海的地表雨水排入月塘。小孔也有风水上的附会。

---

① 致和堂与资源堂均于1960年代被拆。

② 汪祖武先生所藏祖宗本子中尚存世德堂楹联文四副，大厅牖壁联曰：“亿万人修正亿万人致诚祖父子孙得止；几千载亲贤几千载乐利田畴堂构溥长。”此外，存致和堂联文三副，资源堂联文二副，崇德堂联文一副。

大平桥在月塘南侧。黟祁大道过到桥西，右侧塘畔就是添灯柱。柱是砖砌的，六角形，约三米高，顶上作攒尖瓦顶的小亭子，那便是灯龛。这种长明灯是村子的标志，水口建筑群所必有。它在夜间给风尘仆仆奔走于道路上的商人和脚夫引路，让他们感受到温馨的乡土情谊，村中有“添灯会”集资负责维修和灯油。“添灯”与“添丁”谐音，做好事得好报，便是多得子息。

添灯柱的西边，靠着塘岸置一组石凳石桌供过往行人休息，几棵大樟树荫着它们。[①]它们和添灯柱一样，也让路人感受到乡土情谊。

黟祁大道的南边，从大平桥由东往西，依次是关帝庙、社庙和承德堂，再往西不到一百米，便是敬承堂。由于地形南高北低，为了风水术上的“坐实向空”原则，所以都朝北。承德堂是八十七世国仁独力建造的。国仁曾与叔叔华桧合资在汪海南缘的“店门口”开过一家店铺，记载在华桧撰于乾隆三十三年的分家阄书，则承德堂很可能造于乾隆年间。承德堂的建造晚于世德堂、惇悦堂、敬承堂和崇德堂，故村人习称为“新祠堂”。它的规模与世德堂相近，而华丽则过之。关帝庙于康熙五年重建（嘉庆《黟县志》卷十一），社庙建造年代已不可考。它们门前，过大道向北不远下坡便是峡谷底的水稻田，武林溪自西向东流过。这一片低地是风水术中几座己祠的中明堂。过溪是一条从西屏山向东伸展过来的小山冈，叫查李冈，尽端叫鲤鱼嘴，显然是风水术中所称的案山了。[②]

关麓村小水口的一个重要特点是它集中了汪氏总祠和几个重要房派的己祠，成了全村主要的礼制中心，也就是宗族凝聚力的物质表征。道光《黟县续志》卷十一有一段话：“新安家多故旧，自唐宋以来，中

---

① 石桌石凳、添灯柱和塘边石栏都在1980年代被村人拆光，运走石材私用。樟树在1950年代大炼钢铁时伐作燃料了。照壁于1960年代被拆。

② 这三座建筑物都已拆除。承德堂早在民国二十年（1931）由汪希直和妻子孙瑛创办小学，以后未曾中辍。1974年拆承德堂的“寝堂”造了一排教室，1976年又拆去前部，改建新校舍，1978年完成。关帝庙和社庙于同时拆除，庙址造了茶厂。

原令銮宅的学堂厅“吾爱吾庐”门头（李玉祥 摄）

原板荡，衣冠旧族多避地于此。数百年来，重宗谊，讲世好，上下六亲之施。村落家构祠堂，岁时俎豆其间，小民亦安土怀生。虽曩日山贼土寇，时亦窃发，犹能相保聚焉。祠堂始载于嘉靖府志，云：宗祠以奉尝祖祢，群其族人。而讲礼于斯，仅见吾徽，而他郡所无者。”这便是这个礼制中心的社会意义，它维系着整个宗族的精神。

世德堂和承德堂都是三开间三进的大祠堂。一进是大门，二进是祀厅，三进是寝室，下层厝放棺木，楼上供神主。寝室地势高，前面中央造台阶，两侧是小水池，当地人叫一对“蟹眼”。承德堂还有少数地面遗迹，可以辨认出祀厅的两侧各有一窄条空间，参照邻村还存在的祠堂，大致可知这里也是分昭穆存放神主牌的神厨所在。它们的大门都是

马头墙与阁楼（李玉祥 摄）

五凤楼，较早的世德堂简洁朴素，而较晚的承德堂则用斗栱，木雕丰富而且华丽，十分精巧。太平天国战争时，太平军曾将人物雕像的头都凿掉了。惇悦堂、敬承堂、社庙和关帝庙都是两进的建筑，正面为贴墙青砖牌楼。

世德堂的后部，向北凸出一个大厅，给族众存放棺木。徽州陋习妄信风水择期，以致存放棺木长期不葬，祠堂和有些庙宇不得不设厝屋。

祖德丕显——中水口

因为进入关麓村的道路并不溯垏下溪而来，小水口不能充分向来人展现它的壮丽。于是，关麓村另有一个别致的中水口，就是顺黟祁大道从接武桥到绕垏街东口约一华里的一段。这是一个崇祀中心。过接武桥向西一百多米，有一座宏田亭。道光《黟县续志》卷十一："初为明万历间建一小亭，国朝顺治间重建大亭，内有茶庵，外有古井。乾隆间修理，咸丰间颓，复建。”亭为三开间，穿心式。迎东的券门上有额，书“宏田亭”三字，还隐约可见乾隆时的款识。过宏田亭，路南不远是辅成文会，为壮丽的三进大建筑物。大门为五凤楼，重栾叠栱，气派庄严，便是文昌阁。后进较高，有月台，台前设青石雕栏，以入会各村贤达文士配享，所以称先贤祠，其中有关麓汪氏的昭志、令训、德麒、德培、玉镜五位。再向西，便是汪公庙，供奉全徽州汪氏始祖，汪氏四十四世汪华。庙额题作“昭忠广仁神英圣王祠”。连大门两进，有一个宽敞的院落。虽然规模不及辅成文会，但重要性大得多。它是中水口的主要建筑物，所谓“祖德宗功，丕显丕承”。正殿有联：“王侯第宅光千古，神圣英灵荫万春”；每年正月十八接汪公菩萨大庙会时挂的联语是“十字褒封德垂后裔，六州保障功在先民”。汪公庙有便厅，称萋茵草堂，有个小小的绿化庭园，有联“绕庭芳兰三径晓，参天乔木一枝安”，曾当作私塾。汪公庙前进为一个不大的观音阁，每年接观音菩萨就在这里。汪公庙东侧紧贴一个归殡所，暂厝村中族人在外地亡故的先人灵柩。再往西，是一座节孝祠①，然后才进绕埲街口。因为地形向北倾，所以这几座建筑都在大道之南，朝北，取势前低后高。这是堪舆术的要求，建筑进门后务必“步步高”。

这一连串堂皇的建筑物，最后连接着小水口建筑群，它们包含着关麓汪氏宗族对祖先显赫的骄傲炫耀，对科举仕途的向往追求，对族中妇女名节的表彰揄扬，以及他们对生活的不安和对幸福的祈求。它们涵括了乡人们最基本的纲常伦理和价值认定。它们代表了一个时代、一种社会，这是封建家长制的时代、封闭的农业经济社会。在那个时代、那种社会里，当人们循着这条道路走向关麓村的时候，大约不免会从心底滋

① 丕鉴手记中有一则：清明节“值年另办散金银三百在节孝祠祭舟裕孺人。吃素”。舟裕孺人即华桧（元恺）的继母。据汪祖武先生记忆，祠前有两座石质节孝坊。亚芸先生则说没有石坊。我们比较倾向于祖武先生之说，因为他家住宏田村，在关麓读书，每天来回四趟，且记得常在牌坊下玩耍。

生出对这个村落的羡慕和敬佩。[①]沿这样一段过境大道布置村子的中水口，体现出徽商们比较开放的心态，也象征着关麓村的命运与外向性商业的紧密联系。

在这段路两侧，以及在各处山坡上，散布着大量浮厝棺木的小棚子。和汪公庙边上的归殡所一样，都是因为徽州民俗迷信风水堪舆，往往为择穴择时而长期停棺不葬，以致历任县官都要劝百姓尽快安葬这些灵柩，并设大片义冢。乾隆时邑人孙学治《黟山竹枝词》之一："谁着青囊历至今，萧萧白骨鬼哀吟，可怜鬼满如人满，一寸山头一寸金。"但这些劝导从没有什么效果。

百年乐利

关麓村的商业街当以汪海南缘，即土名"店门口"一排几家为最早，乾隆三十三年华桧的分家阄书中已经提到他和国仁在这里有合资的小店。然后大约是绕垟街的形成，最后商业街向承德堂以西延伸了几家。它们都面临黟祁大道。

"店门口"一排商店在大道北侧，道南没有建筑。门前是一段廊街，一边开着商店，一边设坐凳栏杆，所以得名为"亭栏"。栏杆外一片青草地，长着些树木，连接来龙山上的密林。廊街东端起于绕垟岭下，从绕垟街过来下一个陡坡。民国年间，由东向西依次为滋生堂中药材店，自制丸、散、膏、丹，有坐堂医生，只收药费，不收诊费。其次为汪怡昌南货号，为"八家"四、六两房兄弟所创，店名取自孔子的话："兄弟怡怡。"（《论语·子路》）经营南北杂货，两洋海味，卖猪肉（当地称"亥"）、豆腐、油、盐、各种日用品；设有糕点作坊，以冻米糖闻名远近。再次为团防局，是村民自卫机构，最初成立于咸丰四年，为对抗太平天国而设团练。又次是汪丕鉴（以人）开的汪以

① 1949年之后，除了宏田亭被占用为住宅外，其余的建筑全都陆续被拆除。1953年拆辅成文会时，调了一连劳改犯来拆。汪公庙约在1955、1956年间拆掉。

记小店，卖煤油、香烟、肥皂等日用品。继续往西是蒋东方剃头店、汪雪金豆腐店。最后一家早先是聚大布店，后来改为汪观榜银匠店，代客加工金银首饰。这些店铺，门面一间或两间，进深有15至18米，中段偶有一个采光天井，后半部大多是作坊、仓库或伙计住宿房间，没有楼层。

绕埄街上，由东而西大致有绱鞋店、悦来黄烟店、漆匠店、程三元笔店、老张木器店、瑞龄豆腐店（做豆干，兼做馒头、包子）、杨柳生木匠店、胡美辉裁缝店（有伙计徒弟多人，为村内各家做衣服）、水碓（舂米、磨面）。漆匠店主是古筑名漆匠的徒弟，能绘彩画。西头绕埄岭下坡处有剃头店和新荣馆子店，卖炒菜、面条、红烧肉等等。再往西下了坡便是店门口亭栏了。

过了埄下溪上的大平桥，在关帝庙和社庙之间的空隙里，民国年间有汪昌庆开的小店，卖笔墨纸张，大概是因为靠近设了小学的承德堂和问渠书屋的缘故。承德堂之西，路南有杨瑞生开的万源号木匠店，贩卖木料、棺材等。沿着黟祁大道西行不远，路北有汪成杰办的邮政代办所，对面路南是李东楷所开的银匠店。

大约在1948年，青帮头目汪丕玉曾经霸占了亭栏里几家店面，开了一家客栈，设赌局、纳暗娼，还曾杀人越货。

在民国年间有这些商店，关麓村就算得上是很繁华的村子了。①虽然也做过路人和附近小村子的生意，它们主要是为关麓村居民服务的。由它们可以看出关麓村商人家庭生活的优裕，尤其是竟有两家银匠店。

商店中，绝大部分是店坊合一、前店后宅的原始形制。

整条商业街东面与接武桥过来的中水口崇祀建筑群衔接，又横过村子最重要的礼制中心小水口，这个格局在黟县，甚至在整个徽州的农村

① 关于商店的资料由汪亚芸先生提供。这些商店在1950年代初都歇业了，只在滋生堂原址开了一个供销合作社门市部。近年又陆续在亭栏和西面万源号原址开了几家杂货店。绕埄街已经败落不堪。

聚落中都很特殊。这个特殊的格局，来自黟祁大道对关麓村的起源和发展的重大影响，同时也来自关麓村村民的经商意识。他们没有固守传统的以礼制建筑为核心的封闭聚落格局，而使关麓村很大的一部分，甚至包括它的崇祀中心和礼制中心，成为开放的，向通往安庆、通往长江中下游的大道开放。在崇祀中心、礼制中心和商业街之间没有明显的界线，它们在典型的封建家长制农村聚落里尊严的主导作用被商业街冲淡了。

1950年代初，私营商业改造之后，本村的店铺都歇业了，络绎不绝奔走于黟祁道上的徽商也没有了，徽商家庭失去了收入来源而支绌拮据了，因此充满了活力的、开放的、起贯串作用的商业街凋敝了，关麓村的格局便显得零乱。没有了商业的绕埄街几乎分离了出去。而离开大道，纯居住性的堑下部分依然完整，村落很宁静，但没有生气。

生聚堂构

关麓村的居住区分四大块：汪海、绕埄街、六家区和堑下。这四大块主要依房派而形成，以该派的已祠为凝聚中心。汪海是“三家”居住区，中心是惇悦堂；六家区以敬承堂为中心；堑下是承德堂派（“八家”和“新七家”）、崇德堂派和“老七家”的居住区。承德堂在北端，崇德堂则在堑下中心偏北。“老七家”没有己祠；同样不曾建已祠的“志顺公后裔”则大部住在绕埄街。在每个居住区里，住宅又往往按家族而集中，形成家族的住宅团块。

在太平天国战争时期，关麓村遭受过极为严重的破坏。[1]曾国藩一度在祁门扎下大营，太平军又曾经在黟县的四都建立根据地，关麓村就在四都。作为黟祁孔道的西武岭是双方争夺的要塞，多次转变攻守形势。在战争之前，关麓村已经有了四百年的建设史，几个宗祠都已建

① 1988年《黟县志》：太平军战争之前的嘉庆十五年（1810）黟县人口为246478人，战后的同治六年（1867）只有155455人。

令钟住宅剖轴测

成，住宅成片，店肆成行，一片繁荣景象。同治《黟县三志·兵事》里说，战争时“兵勇乘机劫掠村庄难民，贼与官兵不分”。丕鉴手记本里有一则专门的记录，其中说村中房屋“于咸丰四年……重重被延，屡屡被焚，直至同治二年，上下房均被焚烧……屋宇成灰，金银首饰珠宝概被抢去”。手记本里抄了一份《流芳公店屋议墨底》，里面说：“我祖尚宾公会内世守土名店门口坐东朝西三间楼屋一所，又毗连朝南店屋一所……迨同治二年，屋遭兵焚，仅留焦土。”同件又说：还有忠公会的“三间大廊屋基二堂，毗连别厅楼屋基一堂，厨限连后进二进，靠右边小披屋基地一间，被兵遭烧……”。

战后，汪海、六家区和绕埄街的重建远远低于原有水平，而堑下区则因“八家”的兴盛而重建了一大批质量上乘的中型住宅，成了关麓村的主体。

堑下居住区在埄下溪西岸，傍眠牛山东麓。溪东岸是一片不许开垦的草地，绿茵上散布着一些老树。草地之东就是来龙山，海拔245米，比村中大约高出20米多一点。显然溪东草地是堑下的“明堂”，而来龙山是它的“案山”。风水山上树木受到宗祠严格的保护，过去长满了合抱的古树，有楸、栎、楮、枫等等，浓荫密匝，不见天日。[①]

在来龙山和眠牛山之间的山凹深处，泉水村前有一个隆起的高地向前略略伸出。在这个隆起与眠牛山之间，向西南方望去，武亭山脚有一个浑圆的山包，叫罗汉肚。堑下的绝大部分房屋，大致正背对罗汉肚，面向东北。堑下北端面临黟祁大道的承德堂、社庙和关帝庙，轴线则背对泉水村前的隆起，面向北而稍稍偏西。这个转变，一是因为沿大道，二是因为以眠牛山为制高点的等高线。只有中央两条由东南向西北去的小巷里，有朝西南的几幢住宅。[②]不论是罗汉肚还是泉水村前的隆起，都与两侧的地形构成“老蚌含珠”的风水，主题和关麓村主要风水背景西武岭的“美人形”一样，有利于子孙繁衍。在封建的农业社会里，子孙繁衍始终是一件有关整个宗族命运的大事。宗族关系的纽带是血缘，子孙众多就是宗族扩大，也就是兴旺发达。罗汉肚前有一块元宝形的高地，直抵堑下南端的武亭山房和它西侧的住宅后背，称为黄金塬，主财运；又称笔架，主文运；还称双乳，主人丁。所以村人至今传说“八家”的发达全靠堑下的风水好。

堑下紧贴埄下溪西岸自北向南延伸，东西窄，约一百米，南北长，约二百七十米。所以村内的巷子以东西向为主，东端开向溪岸，溪岸有南北向的路。沿路有几座石板桥，由村口的大平桥往南，依次是三间屋石桥、汪兰芬石桥和八家桥。再向南往上游，出村大约一百米，有泉水桥，是万历己亥年（1599）造的。从大平桥到八家桥，溪两岸用大块青石板砌得整整齐齐，隔不远便有台阶下去作为洗涤处。溪西岸有一溜石

---

① 村民们说，早年满山松鼠，经常跑到村中来，所以村中不能种果树和葡萄。1958年，因大炼钢铁将树木作燃料而伐尽，今开辟为旱地。仅存松树一棵，孑然独立于去泉水村的上坡处，偶然唤回老年人残存的记忆。此松树现被称为神树。

② 关麓村住宅没有朝南的。据“五音姓利说”，汪氏为商姓，属金，怕火克，故不能朝南。又传说，黟县的大龙脉从西北来，则向南为“相克脉”，故全黟县没有朝南的房子。

板凳，兼作栏杆，冬日负曝、夏夜纳凉，总是坐着些人闲谈，有人经过，彼此打声招呼，问一声好。堑下另一条比较整齐的南北向的巷子在承德堂的西侧。

从承德堂往南，在堑下的中央，有崇德堂，大门朝东北，正面是三开间的青砖贴墙牌楼。[①]它是华桧造的，见于乾隆三十三年的分家阄书。时间当在乾隆上半叶，早于承德堂。此外据丕鉴手记又有俪公厅（惇睦堂）、慎德堂、惇叙堂，建筑情况已不能考查。丕鉴手记“俪公厅”条：“光熙公无后，公议三大房崇德、承德、‘七家’拜。昔年有三间屋基一堂，改作俪公厅（惇睦堂）。又有余空地一片，批至敬、承支下，光尧公后门面前巷衕口为界，现‘七家’开辟做花园，浇种菜，批于簿上，免久失三房公业空地也。”俪公无后而由三大房建厅，即惇睦堂，是简陋的三间旧宅改的。惇叙堂祀珪公，珪公也无后，所以很可能也不过是一所简陋的旧宅。

堑下巷子宽度从1米到3米不等，路面有两种，大多是在中央顺向铺一条大约40厘米宽的石板，两侧铺卵石。少量是在中央横向铺石板，宽约一米，两侧仍铺卵石。东西向巷子因眠牛山之故，略呈西高东低，向埄下溪排水。从崇德堂前向西北不远折而向东北复沿承德堂西墙走的巷子，则把排水渠径直引向黟祁大道北面，注入水田后再归武林水。循巷子走的排水渠因地形起伏而有明有暗。暗渠有深有浅，浅的在路面青石板下，深的暗渠深1米以上，用砖砌，断面为方形，四周填粗砂，然后埋土。家家户户的下水道都通向或明或暗的水渠，没有乱流的。只有一条横巷，在中央最低，有雨便积水，这情况在徽州聚落里极少见，可能是因东端巷口后建的房子抬高了地面。

堑下的住宅建设的一个重要特点是，它们大都是按家族关系成组建造的。多是一个家长为几个儿子建造，几幢为一组，成为聚落结构的单

① 1950年代曾是成人学校校舍，后来改为粮仓，今毁，仅残存正门面及北侧的八字墙。汪祖武抄存崇德堂联一副：“一水护田常看秋敛春耕俾小子先知稼穑；五经堆案更喜夏萤冬雪助后人承守诗书。”

元。有的三两幢并列为一排，有的前后两排。[1]住宅组里大多又有一幢书房，一般也是三间两厢的楼房，称为“学堂厅”，作为子弟读书的地方。比较著名的书房有“武亭山房”“涵远楼”“安雅书屋”和“吾爱吾庐”等。住宅组里有规制整齐的学堂厅，是关麓村的一大特色。

这样成组建造，一方面使聚落整齐有条理，一方面又形成了一些不长的死巷，使聚落对陌生人来说复杂迷离。几幢住宅之间，通过前院或后面附属房屋，可互相连通。村人传说，这种布局是为了防匪，复杂迷离可以使土匪不敢轻易侵入；互相连通可以在万一土匪侵入时转移财产和妇幼。土匪是富裕徽商家庭的一个心腹

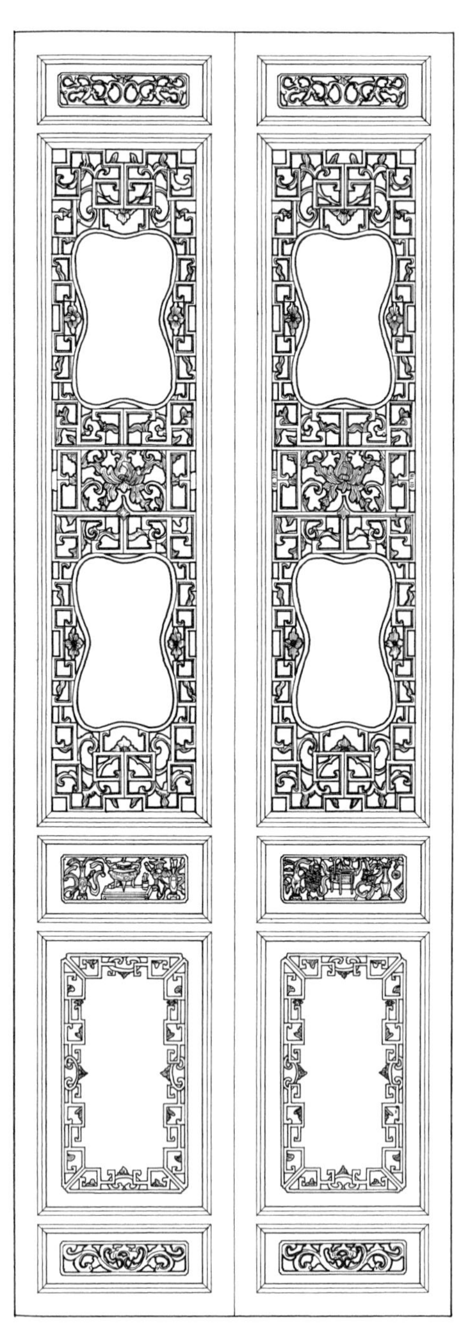

住宅格扇门

① 今汪青家楼上尚存棂花格子门十扇，是他父亲在造现存的住宅时做下，准备再建第二幢用的，未及建造便发生了社会大变动，因而未用。汪懋谷家后院里也存有大量石条，本来准备造联排住宅用的。附近村落也有成组建造的，如碧山村。

大患，大约是徽商们只把少量财富带回山区老家的重要原因之一。据村民说，徽商在乡买田造屋而不存大量浮财，也是出于这种考虑。所幸的是，除了太平天国战争和“北佬”之外，关麓村还没有被土匪侵扰过。

由于成组建造，关麓村的建筑面貌很整齐，又因为每组建筑之内有花园、菜园、前院、别厅，所以村中的建筑密度不大，空隙多，绿化也就多。清代黟县的著名学者俞正燮写的《徽州竹枝词》中说：“几层小阁傍山偎，六尺地重三户开，游客不知人逼仄，闲评多说好楼台。”关麓村楼台虽好，却并不逼仄，不像常见的徽州村落那样房舍成片，密不通风，只见高墙夹着的小巷，见不到有个性的单体建筑。关麓虽有小巷，却也颇有些独立呈现出体形的房舍，掩映在树荫之中，如汪海的原汪金寿宅，六家区路北的四幢住宅，堑下的“双桂书屋”“春满庭”和“吾爱吾庐”等，以致村落的面貌舒畅而且有特色。

关麓村的自然景观很美，当年林丰草深，溪水缥碧。房舍在高低起伏的丘陵间，随地形而变化，参差错落，神态自若。毛石板和卵石铺成的小路，蜿蜒进村，又把天然的气息带进村子。村中，摇曳的竹林、挺拔的柿树和姿态横生的浓绿棕榈树，与山水呼应，使自然与村子互相渗透交融，和谐相得。小巷里，随处可见一墙的薜荔，一院的菜花，还有从漏窗里探出来的鲜红的天竺子。

从小水口转入堑下，景色尤其动人。石板路缘埄下溪东岸曲折而南，溪水淙淙，横卧着几座小桥，对岸一溜粉墙青瓦的人家，随溪欹侧。不同方向的马头墙层层叠叠，轮廓极其复杂多变。院墙曲折，开着镂花窗，夹着水磨青砖的雕花墙门。过了石板桥，溪西岸作为护栏的连绵石凳上，老人们悠闲地抽着烟草聊天；顺台阶下去，水边妇女们勤快地洗洗涮涮，把红红绿绿的衣衫映到水里。轻笑细语，飘上来沁入老人们的心田。待孩子们背着大书包回家，村子不久便笼罩在炊烟之下了。祥和的生活情趣，温馨而浓郁，难怪黟县人总爱自称他们的故乡是“小桃源”。

宗祠管理

徽州各地，凡建宗祠庙宇、修桥铺路、造亭施茶、添灯浚池，即使个人出资行善，按惯例都由宗祠负责组织。从关麓村住宅区布局的有条有理、结构的明晰、公用设施的完善、水系的通畅、风水的选择和保护等等各方面来看，对住宅的建设和村落的日常维持，有着很有效能的管理者。这个管理者，在徽州一般便是宗祠。目前在关麓村已经找不到直接的资料，但可以参见邻县徽属休宁的茗洲吴氏《葆和堂需役给工食定例》，其中"做屋"条规定："尊祠堂新例，上自水落下至墩塍不得私买地基起造。此外有做屋者，亦须禀明祠堂是何地名，稽查明白，写定文笔，完了承约，然后动手，庶安居焉。但正脊一丈八尺起至二丈止，毋得过于高大；一切门楼装修只宜朴素，毋得越分奢侈，以自取咎。"可见宗祠不但过问造屋地点，甚至过问房屋的规模大小和装修的华俭。类似的制度在关麓显然也是存在的。

宗祠对村落也实施日常的管理，如修桥补路、定期清扫全村、保护水源。全村的牛羊不得进村，不得走近埄下溪，而集中饲养在村子的下游，汪海西北角上埄下溪出村处的小高地上。连鹅鸭也不许进溪。对洗涤用水也有相应的规定，粪桶之类不许在溪里冲洗。所以当时埄下溪水很清洁，透明见底，游鱼历历可数。又如风水山上的树木绝不许私伐。"新七家"九十三世汪懋德（1936年生）的祖父在民国初年偷伐了来龙山上的树，被"开祠堂门"审理后，从宗谱除名逐出村去。懋德的父亲水云，长大后在安庆开杂货店，1949年才带了懋德回乡定居。

总之，宗族关系在乡土建设中起着很大的作用。它保证了聚落的整体性、合理性以及环境的和谐，同时也把封建宗法的烙印鲜明地打在整个村落和每一幢房子上。

工作手记

这份安徽省黟县关麓村乡土建筑研究，是我们在台北龙虎文化基金会支持下的第四个项目。工作历时一年半，我们先后去了三次，后两次都在二十天左右，住在农家、吃在农家，与村民交了好朋友。

参加工作的人员，教师有陈志华、楼庆西和李秋香三人，学生有大学五年级的史嵘、张莹、方湛西、魏长华和张弢五人，硕士研究生吕彪和甘靖中二人。这几位学生勤奋踏实，工作成绩优秀，写出了很好的毕业论文，因此被评为1995年全校毕业班先进集体之一。

陈志华负责研究的总体设计，撰写了前言以及第一和第二两章。楼庆西撰写第四章（本版删），并给学生讲课。李秋香撰写第三章（本版删），指导学生测绘并修改学生的测绘图。值得高兴的，是本书的第五章“家具”（本版删）由史嵘撰写并绘制了大部分插图。吕彪绘制的全村大比例尺总平面图，有很高的价值。

这本书与前三本调查报告不同的是，有第四章“建筑装饰”和第五章“家具”。这是由关麓村的情况决定的。它的住宅装修和装饰之精美，尤其是壁画的丰富和艺术水平之高，确实很少见。而它的家具种类之多、制作之精、形式之美、保存之完整，在乡村中也是少有的。可惜，我们没有细细撰写陈设和用具，细巧的有梳妆盒，粗放的有筷子筒；也没有能撰写那些家具上的黄铜配件，它们设计得那么机巧，手艺又那么圆熟。我们很遗憾，但研究那些并不是我们的特长，我们只希望有各行各业的专家能走向广阔的农村，去研究海洋一般的乡土艺术。

我们的工作得到许多朋友的支持。在村子里，父老乡亲们热诚地接待我们，汪亚芸、汪祖武、汪景恒、汪祯祥和汪建武给了我们许多重要的史料。在屯溪，黄山市规划局的程远、万国庆和陈继腾诸位先生多方面帮助了我们。他们本来打算研究关麓村的，已经做了些工作，当我们到屯溪参观的时候，他们主动把这个难得的课题推荐给我们。能够得到这样一个精致的村落作为研究课题，是一种幸福，我们因此格外感谢他们。我们也感谢建筑学院资料室的小姐和先生们，他们热情而有效的支持使我们的工作得以顺利进行。

但我们在愉快的工作中也有遗憾，去了三次关麓村，两次正当秧季，竟没有见到一只鸟，也没有听到动地鼙鼓般的蛙鸣，只有零零落落的东一声、西一声，孤独而凄凉。农药已经快把它们灭绝了。多么寂寞呀！即使有满山烂漫的杜鹃花和无边无际的油菜花，白云也依然变幻着四周的山峦。

燕子还没有来，我们的房东谢金生已经准备了一根长竹竿，头上扎一段破衣袖，将要驱赶它们。不再迷信“喜神”之后，也就不再能跟那些曾经启动过我们的想象力、丰富过我们文学艺术的精灵友好地相处了。